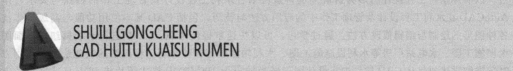

SHUILI GONGCHENG
CAD HUITU KUAISU RUMEN

水利工程CAD绘图快速入门

谭荣伟 等编著

U0387980

化学工业出版社
·北京·

《水利工程 CAD 绘图快速入门》以 AutoCAD 最新简体中文版本（AutoCAD 2016）作为设计软件平台，以实际水利工程设计图形为讲解案例，紧密结合水利工程设计及管理工作的特点与要求，详细介绍 AutoCAD 在水利工程设计及管理工作中的应用方法与技巧，包括 CAD 基本使用功能与高级操作技巧以及各种图形的绘制与编辑修改方法。通过学习，可以快速掌握使用 AutoCAD 进行水利枢纽总平面图、水利大坝施工图、水电站厂房等水利设施施工图、水利轴测图等各种水利工程图纸的快速绘制及应用方法。同时还详细讲述如何从 CAD 软件中将设计图形转换输出为 JPG/BMP 格式图片或 PDF 格式文件的方法，将 CAD 图形快速应用到 WORD 文档中的方法。AutoCAD 大部分基本绘图功能命令是基本一致或安全一样的，故本书也适合 AutoCAD 2016 以前版本（如 AutoCAD 2000～2015）或 AutoCAD 2016 以后更高版本（如 AutoCAD 2017、AutoCAD 2018）的学习。此外，本书通过互联网提供书中各章讲解案例的 CAD 图形文件，可随时登录网址下载使用。

　　本书适合从事水利水电工程、水文与水资源工程、农业水利工程、水土保持与荒漠化防治工程、港口航道与海岸工程等专业的设计师、工程师与相关施工管理技术人员学习 AutoCAD 进行水利工程图形绘制的实用入门指导用书；也可以作为建筑工程相关行业领域初中级技术职业学校和高等院校师生的教学、自学 CAD 图书以及社会相关领域的 CAD 培训教材。

图书在版编目（CIP）数据

水利工程 CAD 绘图快速入门/谭荣伟等编著. —北京：化学工业出版社，2016.2（2020.4重印）
ISBN 978-7-122-25704-8

Ⅰ.①水… Ⅱ.①谭… Ⅲ.①水利工程-工程制图-AutoCAD 软件 Ⅳ.①TV222.1-39

中国版本图书馆 CIP 数据核字（2015）第 282206 号

责任编辑：袁海燕　　　　　　　　　　　　　装帧设计：王晓宇
责任校对：宋　玮

出版发行：化学工业出版社（北京市东城区青年湖南街 13 号　邮政编码 100011）
印　　装：北京七彩京通数码快印有限公司
787mm×1092mm　1/16　印张 13¾　字数 364 千字　2020 年 4 月北京第 1 版第 5 次印刷

购书咨询：010-64518888　　　　　　　售后服务：010-64518899
网　　址：http://www.cip.com.cn

定　　价：58.00 元　　　　　　　　　　　　　　　　　版权所有　违者必究

　　"一带一路"规划将带动全国各地大规模的包括水利水电工程在内的各项基础设施建设，水利水电基础工程建设现在和未来将需要更多掌握 AutoCAD 的各种专业技术人才。

　　"互联网+"及计算机硬件技术的飞速发展，使更多更好、功能强大全面的工程设计软件得到更为广泛的应用，其中 AutoCAD 无疑是比较成功的典范。 AutoCAD 是美国欧特克（Autodesk）公司的通用计算机辅助设计（Computer Aided Design，CAD）软件，AutoCAD R10 是 AutoCAD 的第 1 个版本，于 1982 年 12 月发布。 AutoCAD 至今已进行了十多次的更新换代，包括 DOS 版本 AutoCAD R12、Windows 版本 AutoCAD R14、更为强大的 AutoCAD 2010～2016 版本等，在功能、操作性和稳定性等诸多方面都有了质的变化。 凭借其方便快捷的操作方式、功能强大的编辑功能以及能适应各领域工程设计多方面需求的功能特点，AutoCAD 已经成为当今工程领域进行二维平面图形绘制、三维立体图形建模的主流工具之一。

　　《水利工程 CAD 绘图快速入门》以 AutoCAD 最新简体中文版本（AutoCAD 2016）作为设计软件平台，以实际水利工程设计图形为讲解案例，紧密结合水利工程设计及管理工作的特点与要求，详细介绍 AutoCAD 在水利工程设计及管理工作中的应用方法与技巧，包括 CAD 基本使用功能与高级操作技巧以及各种图形的绘制与编辑修改方法。 通过学习，可以快速掌握使用 AutoCAD 进行水利枢纽总平面图、水利大坝施工图、水电站厂房等水利设施施工图、水利轴测图等各种水利工程图纸的快速绘制及应用方法。 同时还详细讲述如何从 CAD 软件中将水利工程设计图形转换输出为 JPG/BMP 格式图片或 PDF 格式文件的方法，如何将 CAD 绘制的水利工程图形快速应用到 WORD 文档中，方便使用和浏览。 由于 AutoCAD 大部分基本绘图功能命令是基本一致或完全一样的，因此本书也适合 AutoCAD 2016 以前版本（如 AutoCAD 2000 至 AutoCAD 2015）或 AutoCAD 2016 以后更高版本（如 AutoCAD 2017、AutoCAD 2018）的学习使用。 此外，本书通过互联网提供书中各章讲解案例的 CAD 图形文件，随时登录网址下载使用，方便读者对照学习。

　　该书内容由作者精心策划和认真撰写，是作者多年工程 CAD 设计实践经验的总结，注重理论与实践相结合，示例丰富、实用性强、叙述清晰、通俗易懂，保证该书使用和可操作性强，更为适合实际水利工程设计及管理工作使用需要。 读者通过本书的学习，既能理解有关 AutoCAD 使用的基本概念，掌握 AutoCAD 进行水利工程设计图形绘制的方法与技巧，又能融会贯通，举一反三，在实际水利工程设计及管理工作中快速应用。 因此，本书是一本总结经验、提高技巧的有益参考书。

　　本书适合从事水利水电工程、水文与水资源工程、农业水利工程、水土保持与荒漠化防治工程、港口航道与海岸工程等专业的设计师、工程师与相关施工管理技术人员学习 AutoCAD进行水利工程图形绘制的实用入门指导用书；也可以作为建筑工程相关行业领域初中级技术职业学校和高等院校师生的教学、自学 CAD 图书以及社会相关领域的 CAD 培训教材。

　　本书内容由谭荣伟负责策划和组织编著，黄冬梅、黄仕伟、雷隽卿、李淼、王军辉、许琢玉、卢晓华、苏月风、许鉴开、谭小金、李应霞、赖永桥、潘朝远、孙达信、黄艳丽、杨勇、余云飞、卢芸芸、黄贺林、许景婷、吴本升、黎育信、黄月月、韦燕姬、罗尚连等参加了相关章节编著。由于编者水平有限，虽经再三勘误，仍难免有纰漏之处，欢迎广大读者予以指正。

编著者
2015 年夏

第1章　水利工程CAD绘图综述

1.1 水利工程 CAD 绘图知识快速入门 ……………………………………………………… 1
　1.1.1 关于水利工程 ……………………………………………………………………… 1
　1.1.2 水利工程 CAD 绘图应用 ………………………………………………………… 3
　1.1.3 关于水利工程 CAD 绘图图幅及线型与字体 …………………………………… 4
　1.1.4 水利工程 CAD 图形尺寸标注基本要求 ………………………………………… 7
　1.1.5 水利工程专业绘图要求简介 …………………………………………………… 11
　1.1.6 关于水利工程 CAD 图形比例 ………………………………………………… 12
1.2 水利工程 CAD 绘图计算机硬件和软件配置 …………………………………………… 13
　1.2.1 水利工程 CAD 绘图相关计算机设备 ………………………………………… 13
　1.2.2 水利工程 CAD 绘图相关软件 ………………………………………………… 14
1.3 AutoCAD 软件安装方法简述 …………………………………………………………… 15
　1.3.1 AutoCAD 软件简介 …………………………………………………………… 15
　1.3.2 AutoCAD 快速安装方法 ……………………………………………………… 16

第2章　水利工程CAD绘图基本使用方法

2.1 AutoCAD 使用快速入门起步 ………………………………………………………… 21
　2.1.1 进入 AutoCAD 绘图操作界面 ………………………………………………… 21
　2.1.2 AutoCAD 绘图环境基本设置 ………………………………………………… 22
2.2 AutoCAD 绘图文件操作基本方法 ……………………………………………………… 32
　2.2.1 建立新 CAD 图形文件 ………………………………………………………… 32
　2.2.2 打开已有 CAD 图形 …………………………………………………………… 33
　2.2.3 保存 CAD 图形 ………………………………………………………………… 33
　2.2.4 关闭 CAD 图形 ………………………………………………………………… 34
　2.2.5 退出 AutoCAD 软件 …………………………………………………………… 34
　2.2.6 同时打开多个 CAD 图形文件 ………………………………………………… 35
2.3 常用 AutoCAD 绘图辅助控制功能 ……………………………………………………… 35
　2.3.1 CAD 绘图动态输入控制 ……………………………………………………… 35
　2.3.2 正交模式控制 …………………………………………………………………… 35
　2.3.3 绘图对象捕捉追踪控制 ……………………………………………………… 36
　2.3.4 二维对象绘图捕捉方法（精确定位方法） …………………………………… 37
　2.3.5 控制重叠图形显示次序 ……………………………………………………… 38
2.4 AutoCAD 绘图快速操作方法 …………………………………………………………… 38
　2.4.1 全屏显示方法 …………………………………………………………………… 38
　2.4.2 视图控制方法 …………………………………………………………………… 39
　2.4.3 键盘 F1~F12 功能键使用方法 ……………………………………………… 40
　2.4.4 AutoCAD 功能命令别名(简写或缩写形式) ………………………………… 43
2.5 AutoCAD 图形坐标系 …………………………………………………………………… 45

　　2. 5. 1　AutoCAD 坐标系设置 ································· 46
　　2. 5. 2　绝对直角坐标 ······································ 47
　　2. 5. 3　相对直角坐标 ······································ 47
　　2. 5. 4　相对极坐标 ·· 48
　2. 6　图层常用操作 ··· 48
　　2. 6. 1　建立新图层 ·· 48
　　2. 6. 2　图层相关参数的修改 ································· 49
　2. 7　CAD 图形常用选择方法 ···································· 51
　　2. 7. 1　使用拾取框光标 ····································· 51
　　2. 7. 2　使用矩形窗口选择图形 ······························· 51
　　2. 7. 3　任意形状窗口选择图形 ······························· 51
　2. 8　常用 CAD 绘图快速操作技巧方法 ···························· 52
　　2. 8. 1　图形线型快速修改 ···································· 52
　　2. 8. 2　快速准确定位复制方法 ································· 54
　　2. 8. 3　图形面积和长度快速计算方法 ···························· 55
　　2. 8. 4　当前视图中图形显示精度快速设置 ························· 56

第3章　水利工程CAD基本图形绘制方法

　3. 1　常见水利工程线条 CAD 快速绘制 ····························· 58
　　3. 1. 1　点的绘制 ··· 58
　　3. 1. 2　直线与多段线绘制 ···································· 59
　　3. 1. 3　射线与构造线绘制 ···································· 61
　　3. 1. 4　圆弧线与椭圆弧线绘制 ································· 63
　　3. 1. 5　样条曲线与多线绘制 ·································· 64
　　3. 1. 6　云线（云彩线）绘制 ·································· 65
　　3. 1. 7　其他特殊线绘制 ····································· 66
　3. 2　常见水利工程平面图形 CAD 快速绘制 ························· 69
　　3. 2. 1　圆形和椭圆形绘制 ···································· 69
　　3. 2. 2　矩形和正方形绘制 ···································· 70
　　3. 2. 3　圆环和螺旋线绘制 ···································· 71
　　3. 2. 4　正多边形绘制和创建区域覆盖 ····························· 72
　3. 3　常见水利工程 CAD 表格图形快速绘制 ························· 74
　　3. 3. 1　利用表格功能命令绘制表格 ······························ 74
　　3. 3. 2　利用组合功能命令绘制表格 ······························ 74
　3. 4　水利工程复合 CAD 平面图形绘制 ···························· 76

第4章　水利工程CAD图形修改和编辑基本方法

　4. 1　水利工程 CAD 图形常用编辑与修改方法 ························ 79
　　4. 1. 1　删除和复制图形 ····································· 79
　　4. 1. 2　镜像和偏移图形 ····································· 81
　　4. 1. 3　阵列与移动图形 ····································· 82
　　4. 1. 4　旋转与拉伸图形 ····································· 84
　　4. 1. 5　分解与打断图形 ····································· 86
　　4. 1. 6　修剪与延伸图形 ····································· 86
　　4. 1. 7　图形倒角与倒圆角 ···································· 88
　　4. 1. 8　缩放（放大与缩小）图形 ······························· 90

4.1.9 拉长图形 ……………………………………………………………… 91
4.2 图形其他编辑和修改方法 …………………………………………………… 92
4.2.1 放弃和重做（取消和恢复）操作 ……………………………………… 92
4.2.2 对象特性的编辑和特性匹配 …………………………………………… 93
4.2.3 多段线和样条曲线的编辑 ……………………………………………… 94
4.2.4 多线的编辑 ……………………………………………………………… 95
4.2.5 图案的填充与编辑方法 ………………………………………………… 96
4.3 图块功能与编辑 ……………………………………………………………… 100
4.3.1 创建图块 ………………………………………………………………… 100
4.3.2 插入图块 ………………………………………………………………… 101
4.3.3 图块编辑 ………………………………………………………………… 102
4.4 文字与尺寸标注 ……………………………………………………………… 103
4.4.1 标注文字 ………………………………………………………………… 103
4.4.2 尺寸标注 ………………………………………………………………… 106
4.4.3 文字和尺寸编辑与修改方法 …………………………………………… 114

第5章　水利枢纽总平面图CAD快速绘制

5.1 水利枢纽总平面地形图 CAD 快速绘制 …………………………………… 118
5.2 水利枢纽总平面的坝体轮廓 CAD 快速绘制 ……………………………… 121
5.3 水利枢纽溢洪道等设施 CAD 快速绘制 …………………………………… 127
5.4 水利枢纽 CAD 表格文字等快速绘制 ……………………………………… 131

第6章　水利大坝施工图CAD快速绘制

6.1 大坝平面布置图 CAD 快速绘制 …………………………………………… 134
6.2 大坝剖面图 CAD 快速绘制 ………………………………………………… 140

第7章　小型水利设施施工图CAD快速绘制

7.1 水电站厂房施工图 CAD 快速绘制 ………………………………………… 147
7.2 蓄水池施工图 CAD 快速绘制 ……………………………………………… 159

第8章　水利工程轴测图CAD快速绘制基本方法

8.1 水利工程轴测图 CAD 绘制基本知识 ……………………………………… 167
8.1.1 水利工程轴测图的绘图基础 …………………………………………… 168
8.1.2 水利工程轴测图的基本绘制方法 ……………………………………… 168
8.2 水利工程轴测图 CAD 绘制基本操作方法 ………………………………… 170
8.2.1 水利工程等轴测图 CAD 绘制模式设置方法 ………………………… 170
8.2.2 水利工程等轴测图绘制模式下直线 CAD 绘制方法 ………………… 171
8.2.3 水利工程等轴测图 CAD 绘制模式下圆形绘制方法 ………………… 173
8.2.4 水利工程等轴测面内平行线 CAD 绘制方法 ………………………… 175
8.3 水利工程等轴测图文字与尺寸标注方法 …………………………………… 176
8.3.1 水利工程等轴测图文字 CAD 标注方法 ……………………………… 176
8.3.2 水利工程等轴测图尺寸 CAD 标注方法 ……………………………… 177

第9章　水利工程轴测图CAD快速绘制实例

9.1　水利工程轴测图 CAD 绘制基础案例 ·· 182
9.2　水利工程 U 形渡槽轴测图 CAD 绘制 ·· 191

第10章　水利工程CAD图打印与转换输出

10.1　水利工程 CAD 图形打印 ·· 198
　10.1.1　水利工程 CAD 图形打印设置 ·· 198
　10.1.2　水利工程 CAD 图形打印 ·· 203
10.2　水利工程 CAD 图形输出其他格式图形文件方法 ·· 205
　10.2.1　CAD 图形输出为 PDF 格式图形文件 ··· 205
　10.2.2　CAD 图形输出为 JPG / BMP 格式图形文件 ··· 206
10.3　水利工程 CAD 图形应用到 WORD 文档的方法 ··· 208
　10.3.1　使用"Prtsc" 按键复制应用到 WORD 中 ··· 208
　10.3.2　通过输出 PDF 格式文件应用到 WORD 中 ·· 208
　10.3.3　通过输出 JPG/BMP 格式文件应用到 WORD 中 ······································· 211

第**1**章　水利工程CAD绘图综述

Chapter 01

本章结合水利工程的特点和要求，讲解 CAD 在水利工程设计及管理工作中的应用及其绘制方法的一些基础知识。在实际水利工程实践中，该专业的设计师及技术管理人员学习掌握 CAD 绘图技能是十分必要的，因为 CAD 可以有力地促进水利工程设计及施工管理工作，CAD 在一定程度上可以提高工作效率，方便进行技术交底、工作交流及汇报等。CAD 可以应用于水利工程中的方案图、施工图、竣工图、大样图等多方面图纸及方案绘制工作。

1.1　水利工程 CAD 绘图知识快速入门

在水利工程中（图 1.1），常常需要绘制各种图纸，例如水利工艺流程图、水利工程施工图等，这些都可以使用 CAD 轻松快速完成。特别说明一点，最为便利的还在于，水利工程各种图形与表格使用 CAD 绘制完成后，还可以将所绘制图形从 CAD 软件中轻松转换输出 JPG/BMP 格式图片或 PDF 格式文件等，可以轻松应用到 WORD 文档中，方便使用和浏览。CAD 图形具体转换方法在后面的章节中详细介绍。因此，从事水利工程设计及管理工作的相关技术人员，学习 CAD 绘图是很有用处的。

图 1.1　水利工程

1.1.1　关于水利工程

水利工程是指用于控制和调配自然界的地表水和地下水，达到除害兴利目的而修建的工程，也即为消除水害和开发利用水资源而修建的工程。按其服务对象分为防洪工程、农田水

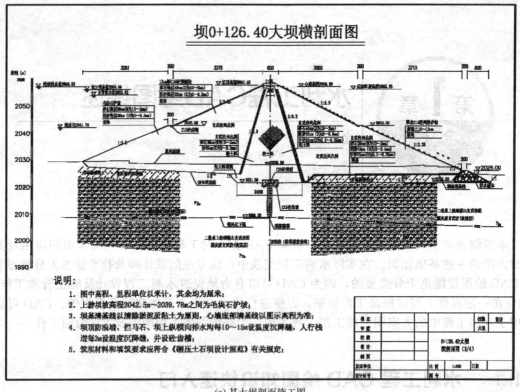

(a) 某大坝剖面施工图

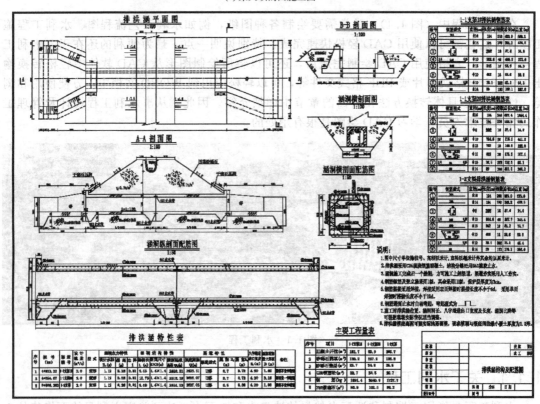

(b) 某排洪沟施工图

图1.2　常见水利工程图纸

利工程、水力发电工程、航道和港口工程、供水和排水工程、环境水利工程、海涂围垦工程等。可同时为防洪、供水、灌溉、发电等多种目标服务的水利工程，称为综合利用水利工程。水利工程需要修建坝、堤、溢洪道、水闸、进水口、渠道、渡漕、筏道、鱼道等不同类型的水工建筑物，以实现其目标。水利工程与其他工程相比，具有工程量大、投资多、工期长，工作条件复杂、受自然条件制约施工难度大、对环境影响也大、失事后果严重，对国民经济影响巨大等特点。

水利工程规划的目的是全面考虑、合理安排地面和地下水资源的控制、开发和使用方式，最大限度地做到安全、经济、高效。水利工程原是土木工程的一个分支，由于水利工程本身的发展，逐渐具有自己的特点，以及在国民经济中的地位日益重要，已成为一门相对独立的技术学科，但仍和土木工程的许多分支保持着密切的联系；水利工程的施工有许多地方和其他土木工程类同。如图 1.2 所示为常见的水利工程图纸（某大坝剖面施工图、某排洪沟施工图）。

1.1.2 水利工程 CAD 绘图应用

早期的水利工程进行图纸绘制主要是手工绘制，绘图的主要工具和仪器有绘图桌、图板、丁字尺、三角板、比例尺、分规、圆规、绘图笔、铅笔、曲线板和模板等。手工绘制图纸老一辈工程师和施工管理技术人员是比较熟悉的，年轻一代使用比较少，作为水利工程专业工程师或技术人员，了解一下其历史，也挺有知识和趣味的，如图 1.3 所示。

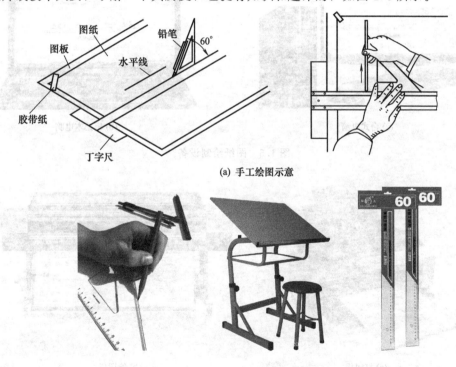

(a) 手工绘图示意

(b) 手工绘图常用工具

图 1.3 早期手工绘图示意

比纯手工绘图更进一步的绘图方式，是使用绘图机及其相应设备。绘图机是当时比较先进的手工绘图设备，其机头上装有一对互相垂直的直尺，可作 360° 的转动，它能代替丁字尺、三角板、量角器等绘图工具的工作，画出水平线、垂直线和任意角度的倾斜线。绘图机分为钢带式绘图机、导轨式绘图机，如图 1.4 所示。

(a) 钢带式绘图机　　　　　　　　(b) 导轨式绘图机

图 1.4　常见手工绘图机

随着计算机及其软件技术快速发展，在现在水利工程设计中，水利工程图纸的绘制都已经数字化，使用图板、绘图笔和丁字尺等工具手工绘制图纸几乎很少。现在基本使用台式电脑或笔记本电脑进行图纸绘制，然后使用打印机或绘图仪输出图纸，如图 1.5、图 1.6 所示。

(a) 台式电脑　　　　　　　　(b) 笔记本电脑

图 1.5　图纸绘制设备

(a) 打印机　　　　　　　　(b) 绘图仪

图 1.6　图纸打印输出设备

1.1.3　关于水利工程 CAD 绘图图幅及线型与字体

1.1.3.1　水利工程 CAD 绘图常见图幅大小

水利工程图纸的图纸幅面和图框尺寸，即图纸图面的大小，按《CAD 工程制图规则》

GB/T 18229、《房屋建筑 CAD 制图统一规则》GB/T 18112 等国家相关规范规定，分为 A4、A3、A2、A1 和 A0，具体大小详见表 1.1 和图 1.7，图幅还可以在长边方向加长一定的尺寸，参见建筑工程和水利工程制图相关规范，在此从略。使用 CAD 进行绘制时，也完全按照前述图幅进行。图框详细 CAD 绘制方法在后面章节进行讲述。

图纸以短边作为垂直边称为横式，以短边作为水平边称为立式。一般 A0～A3 图纸宜横式使用；必要时，也可立式使用。此外，CAD 还有一个更为灵活的地方，CAD 可以输出任意规格大小的图纸，但这种情况一般作为草稿、临时使用，不宜作为正式施工图纸。在水利工程专业实际工程施工实践中，A3、A2 图幅大小的图纸使用最方便，比较受施工相关人员欢迎。

表 1.1　图纸幅面和图框尺寸　　　　　　　　　　　　单位：mm

幅面代号 尺寸代号	A4	A3	A2	A1	A0
$b \times l$	210×297	297×420	420×594	594×841	841×1189
c	5	5	10	10	10
a	25	25	25	25	25

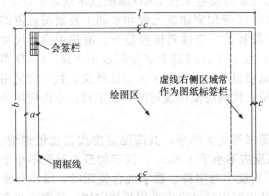

(a) 常用图纸幅面和图框样式

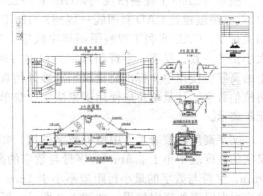

(b) 水利工程图纸布局实例

图 1.7　水利工程图纸图幅示意

1.1.3.2　水利工程 CAD 图形常见线型

按照《CAD 工程制图规则》GB/T 18229、《水力发电工程 CAD 制图技术规定》DL/T 5127、《房屋建筑 CAD 制图统一规则》GB/T 18112 等国家水利工程制图行业标准及规范的相关规定，水利工程制图图线宽度分为粗线、中线、细线，从 $b = 0.18$mm、0.25mm、0.35mm、0.50mm、0.70mm、1.0mm、1.4mm、2.0mm 线宽系列中根据需要选取使用；该线宽系列的公比为 $1 : \sqrt{2} \approx 1 : 1.4$，粗线、中粗线和细线的宽度比率为 4：2：1，在同一图样中同类图线的宽度一致，如表 1.2 所列，线型则有实线、虚线、点划线、折断线和波浪线等类型，如图 1.8 所示。

表 1.2　常用线宽组要求　　　　　　　　　　　　单位：mm

线宽比	线宽组					
b	2.0	1.4	1.0	0.7	0.5	0.35
$0.5b$	1.0	0.7	0.5	0.35	0.25	0.18
$0.25b$	0.5	0.35	0.25	0.18	—	

注：1. 需要微缩的图纸，不宜采用 0.18mm 及更细的线宽。
　　2. 同一张图纸内，各不同线宽中的细线，可统一采用较细的线宽组的细线。

水利工程 CAD 绘图即是按照上述线条宽度和线型进行的，实际绘图时根据图幅大小和出图比例调整宽度大小，具体绘制方法在后面章节详细论述，其中细线实际在 CAD 绘制中是按默认宽度为 0 进行绘制。

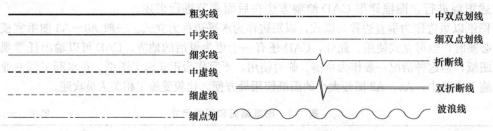

图 1.8　常用水利工程 CAD 制图图线

一般情况下，图线不得与文字、数字或符号重叠、混淆，不可避免时，应首先保证文字等的清晰。虚线与虚线交接或虚线与其他图线交接时，应是线段交接。虚线为实线的延长线时，不得与实线连接。同一张图纸内，相同比例的各图样，应选用相同的线宽组。

1.1.3.3　水利工程 CAD 图形常见字体和字号

按照《CAD 工程制图规则》GB/T 18229、《水力发电工程 CAD 制图技术规定》DL/T 5127、《房屋建筑 CAD 制图统一规则》GB/T 18112 等国家建筑工程和水利工程制图规范的相关规定，CAD 水利工程制图图样中汉字、字符和数字应做到排列整齐、清楚正确，尺寸大小协调一致。汉字、字符和数字并列书写时，汉字字高略高于字符和数字字高。CAD 图上的文字应使用中文标准简化汉字。涉外的规划项目，可在中文下方加注外文；数字应使用阿拉伯数字，计量单位应使用国家法定计量单位；代码应使用规定的英文字母，年份应用公元年表示。

文字高度应按表 1.3 中所列数字选用。如需书写更大的字，其高度应按 $\sqrt{2}$ 的比值递增。汉字的高度应不小于 2.5mm，字母与数字的高度应不小于 1.8mm。汉字的最小行距不小于 2mm，字符与数字的最小行距应不小于 1mm；当汉字与字符、数字混合使用时，最小行距等应根据汉字的规定使用。如图 1.9 所示。图及说明中的汉字应采用长仿宋体，其宽度与高度的关系一般应符合表 1.4 的规定。大标题、图册、封面、目录、图名标题栏中设计单位名称、工程名称、地形图等的汉字可选用楷体、黑体等其他字体。

表 1.3　规划设计文字高度　　　　　　　　　　　　　　　　单位：mm

用于蓝图、缩图、底图	3.5、5.0、7.0、10、14、20、25、30、35
用于彩色挂图	7.0、10、14、20、25、30、35、40、45

注：经缩小或放大的城乡规划图，文字高度随原图纸缩小或放大，以字迹容易辨认为标准。

表 1.4　长仿宋体宽度与高度关系　　　　　　　　　　　　单位：mm

字高	20	14	10	7	5	3.5
字宽	14	10	7	5	3.5	2.5

分数、百分数和比例数的注写，应采用阿拉伯数字和数学符号，例如：四分之三、百分之二十五和一比二十应分别写成 3/4、25％和 1：20。当注写的数字小于 1 时，必须写出个位的"0"，小数点应采用圆点，齐基准线书写，例如 0.01。

在实际绘图操作中，图纸上所需书写的文字、数字或符号等，均应笔画清晰、字体端正、排列整齐；标点符号应清楚正确。一般常用的字体有宋体、仿宋体、新宋体、黑体等，根据计算机 Windows 操作系统中字体选择，建议选择常用的字体，以便于 CAD 图形电子文

图 1.9　水利工程 CAD 制图字体间距

件的交流阅读。字号也即字体高度的选择，根据图形比例和字体选择进行选用，一般与图幅大小相匹配，便于阅读，同时保持图形与字体协调一致，主次分明。

1.1.4　水利工程 CAD 图形尺寸标注基本要求

按照《CAD 工程制图规则》GB/T 18229、《水力发电工程 CAD 制图技术规定》DL/T 5127、《房屋建筑 CAD 制图统一规则》GB/T 18112 等国家建筑工程和水利工程制图规范的相关规定，图样上的尺寸，包括尺寸界线、尺寸线、尺寸起止符号和尺寸数字，如图 1.10 所示。

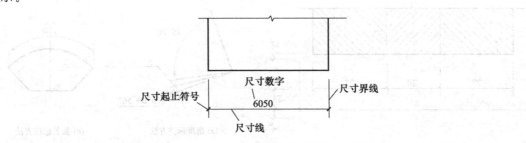

图 1.10　尺寸标注组成名称

图样上的尺寸单位，除标高及总平面以 m（米）为单位外，其他必须以 mm（毫米）为单位。尺寸数字一般应依据其方向注写在靠近尺寸线的上方中部。如没有足够的注写位置，最外边的尺寸数字可注写在尺寸界线的外侧，中间相邻的尺寸数字可错开注写。如图 1.11 所示。

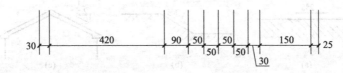

图 1.11　尺寸数值注写位置

CAD 水利工程制图中，尺寸标注起止符号所用到的短斜线、箭头和圆点符号的数值大小，分别宜为 $e=2.0mm$、$a=5b$、$r=2\sqrt{2}b$（b 为图线宽度，具体数值参见前面小节相关论述），如图 1.12 所示，其中短斜线应采用中粗线。标注文本与尺寸经距离 h_0 不应小于 1.0mm，如图 1.13 所示。

用于标注尺寸的图线，除特别说明的外，应以细线绘制。尺寸界线一端距图样轮廓线 X_0 不应小于 2.0mm。另一端 X_e 宜为 3.0mm，平行排列的尺寸线的间距 L_i 宜为 7.0mm。

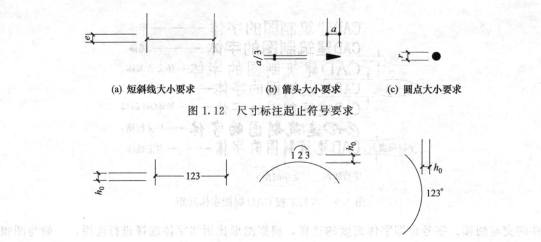

(a) 短斜线大小要求　　(b) 箭头大小要求　　(c) 圆点大小要求

图 1.12　尺寸标注起止符号要求

图 1.13　标注文本的标注位置要求

如图 1.14 所示。

角度的尺寸线应以圆弧表示。该圆弧的圆心应是该角的顶点，角的两条边为尺寸界线。起止符号应以箭头表示，如没有足够位置画箭头，可用圆点代替，角度数字应按水平方向注写。标注圆弧的弧长时，尺寸线应以与该圆弧同心的圆弧线表示，尺寸界线应垂直于该圆弧的弦，起止符号用箭头表示，弧长数字上方应加注圆弧符号"⌒"。如图 1.15 所示。

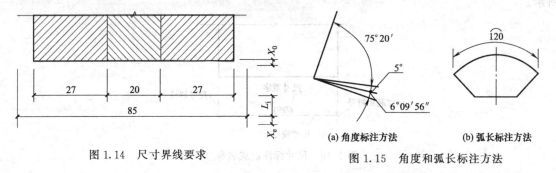

图 1.14　尺寸界线要求　　　　　　　　(a) 角度标注方法　　(b) 弧长标注方法

图 1.15　角度和弧长标注方法

坡度符号常用箭头加百分比或数值比表示，也可用直角三角形表示坡度符号，如图 1.16 所示。

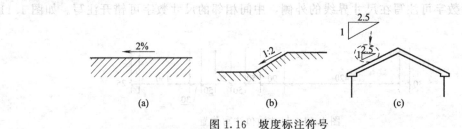

图 1.16　坡度标注符号

标高标注应包括标高符号和标注文本，标高数字应以米为单位，注写到小数点以后第三位。在总平面图中，可注写到小数点以后第二位。零点标高应注写成"±0.000"，正数标高不注"＋"，负数标高应注"－"，例如"3.000"、"－0.600"。

标高符号应以直角等腰三角形表示，按图 1.17（a）所示形式用细实线绘制，如标注位置不够，也可按图 1.17（b）所示形式绘制。水平段线 L 根据需要取适当长度，高 h 取约 3.0mm。总平面图室外地坪标高符号，宜用涂黑的三角形表示，如图 1.17（c）所示。标高符号的尖端应指至被注高度的位置。尖端一般应向下，也可向上。标高数字应注写在标高符号的左侧或右侧，在图样的同一位置需表示几个不同标高时，标高数字可按并列一起形式注写，如图 1.17（d）所示。

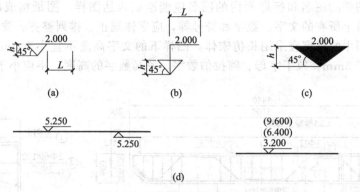

图 1.17　标高标注符号和方法

半径的尺寸线应一端从圆心开始，另一端画箭头指向圆弧。半径数字前应加注半径符号"R"。较小圆弧、较大圆弧的半径可按图形式标注，如图 1.18（a）所示。标注圆的直径尺寸时，直径数字前应加直径符号"Φ"或"ϕ"。在圆内标注的尺寸线应通过圆心，两端画箭头指至圆弧。较小圆的直径尺寸，可标注在圆外。如图 1.18（b）所示。

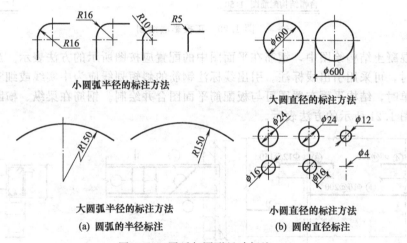

图 1.18　圆弧与圆形尺寸标注

定位轴线一般应编号，编号应注写在轴线端部的圆内。圆应用细实线绘制，直径 D 为 8～10mm。定位轴线圆的圆心，应在定位轴线的延长线上或延长线的折线上。定位轴线应用细点画线绘制。如图 1.19 所示。

水利工程施工图是将水利工程构思变成现实的重要阶段，是水利工程施工实施的主要依据。水利工程施工图越详细越好，要准确无误。由于方案设计、初步设计等图纸绘制方法与施工图绘制原理是完全一样的，且施工图绘制的内容较为全面、详细，要求也较为综合，因此本书基本以水利工程施工图为论述主基调逐步展开，掌握了水利工程施

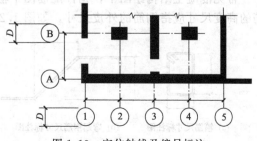

图 1.19　定位轴线及编号标注

工图 CAD 绘制，方案设计、初步设计等图纸的绘制方法，就不在话下，自然而然就会了。

工程结构平面图应按图的规定采用正投影法绘制，特殊情况下也可采用仰视投影绘制，如图 1.20 所示。在结构平面图中的索引位置处，粗实线表示剖切位置，引出线所在一侧应为投射方向。图样的图名和标题栏内的图名应能准确表达图样、图纸构成的内容，做到简练、明确。图纸上所有的文字、数字和符号等，应字体端正、排列整齐、清楚正确，避免重叠。图样及说明中的汉字宜采用长仿宋体，图样下的文字高度不宜小于 5mm，说明中的文字高度不宜小于 3mm。拉丁字母、阿拉伯数字、罗马数字的高度，不应小于 2.5mm。

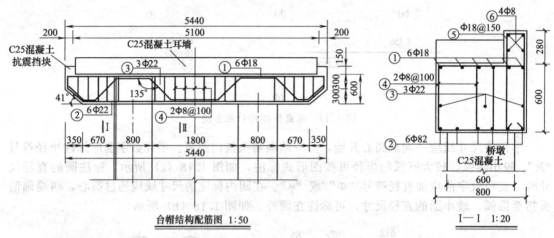

图 1.20　正投影法绘制

常见混凝土结构绘图中，钢筋在平面图中的配置应按图所示的方法表示。当钢筋标注的位置不够时，可采用引出线标注。引出线标注钢筋的斜短划线应为中实线或细实线。当构件布置较简单时，结构平面布置图可与板配筋平面图合并绘制。钢筋在梁纵、横断面图中的配置，应按图 1.21 所示的方法表示。

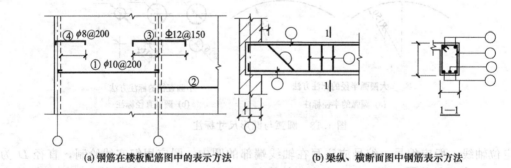

(a) 钢筋在楼板配筋图中的表示方法　　　　(b) 梁纵、横断面图中钢筋表示方法

图 1.21　钢筋绘制方法

常见混凝土结构绘图中，构件配筋图中箍筋的长度尺寸，应指箍筋的里皮尺寸；弯起钢筋的高度尺寸应指钢筋的外皮尺寸，如图 1.22 所示。

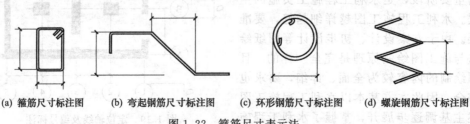

(a) 箍筋尺寸标注图　　(b) 弯起钢筋尺寸标注图　　(c) 环形钢筋尺寸标注图　　(d) 螺旋钢筋尺寸标注图

图 1.22　箍筋尺寸表示法

1.1.5　水利工程专业绘图要求简介

1.1.5.1　水利工程专业图的表达方法

水利工程的兴建一般需要经过勘测、规划、设计和施工、验收等几个阶段，每个阶段都要绘制出相应的图样，表达水工建筑物及其施工过程的图样称为水利工程图，简称水工图。水工图主要有工程位置图（包括流域规划图和灌区规划图）、枢纽布置图、结构图、施工图和竣工图。

其中六个基本视图中的主视图、左视图、右视图、后视图可称为立面图（或立视图）。视向顺水流方向的视图可称为上游立面图（或立视图）；视向逆水流方向的视图可称为下游立面图（或立视图）。立面图表达建筑物的立面外形。如图 1.23 所示。

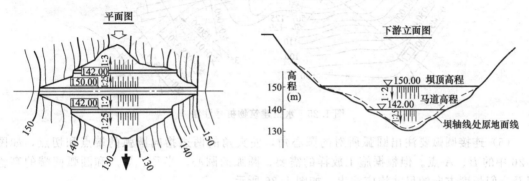

图 1.23　水工建筑物平面图与立面图

1.1.5.2　水利工程专业图的尺寸注法

（1）水工图中标注的尺寸单位，标高、桩号、总布置图以米为单位，流域规划图以公里为单位，其余尺寸以毫米为单位，若采用其他尺寸单位时，则必须在图纸中加以说明。

（2）水工图中尺寸标注的详细程度，应根据各设计阶段的不同和图样表达内容的不同而定。

（3）水工建筑物在地面的位置是以所选定的基准点或基准线进行放样定位的。基准点的平面是根据测量坐标来确定，两个基准点相连即确定了基准线的平面位置。一般来说，若建筑物在长度或宽度方向为对称形状，则以对称轴线为尺寸基准。若建筑物某一方向无对称轴线时，则以建筑物的主要结构端面为基准。如图 1.24 所示。

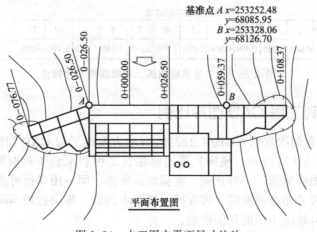

图 1.24　水工图中平面尺寸注法

（4）对于坝、隧洞、渠道等较长的水工建筑物，沿轴线的长度方向一般采用"桩号"的注法，标注形式为K+M，K为公里数，M为米数。起点桩号为0+000，起点桩号之后注成K-M为负值，起点桩号之后为K+M为正值。桩号数字一般垂直于轴线方向注写，且标注在同一侧。当轴线为折线时，转折点的桩号数字应重复标注。当同一图中几种建筑物均采用"桩号"进行标注时，可在桩号数字前加注文字以示区别。如图1.25所示。

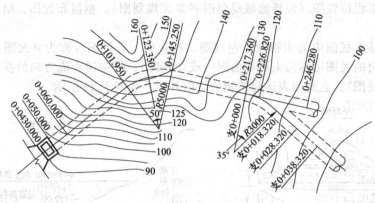

图1.25　水工建筑物桩号注法

（5）连接圆弧要注出圆弧所对的圆心角，使夹角的两边指向圆弧的端点和切点，如图1.26中的B、A点。但根据施工放样的需要，圆弧的圆心、半径、切点和圆弧两端的高程以及它们长度方向的尺寸均应注出，如图1.26所示。

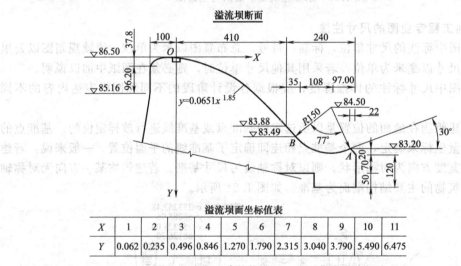

溢流坝面坐标值表

X	1	2	3	4	5	6	7	8	9	10	11
Y	0.062	0.235	0.496	0.846	1.270	1.790	2.315	3.040	3.790	5.490	6.475

图1.26　水工建筑物圆弧、非圆曲线尺寸标注

1.1.6　关于水利工程CAD图形比例

按照《CAD工程制图规则》GB/T 18229、《水力发电工程CAD制图技术规定》DL/T 5127、《房屋建筑CAD制图统一规则》等国家建筑工程和水利工程制图规范的相关规定，一般情况下，一个图样应选用一种比例。根据制图需要，同一图样也可选用两种比例。当构件的纵、横向断面尺寸相差悬殊时，可在同一详图中的纵、横向选用不同的比例绘制。轴线尺寸与构件尺寸也可选用不同的比例绘制。

图样的比例，应为图形与实物相对应的线性尺寸之比。比例的大小，是指其比值的大小，如 1∶50 大于 1∶100。比例的符号为冒号"∶"，比例应以阿拉伯数字表示，如 1∶1、1∶2、1∶100、1∶200 等。比例宜注写在图名的右侧，字的基准线应取平；比例的字高宜比图名的字高小一号或二号。

一般情况下，水利工程平面图、立面图、剖面图等常用比例为 1∶100、1∶50 等，而节点构造做法等详图常用比例为 1∶1，1∶5，1∶10 等。如图 1.27 为不同比例水利工程施工图。

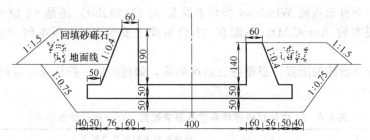

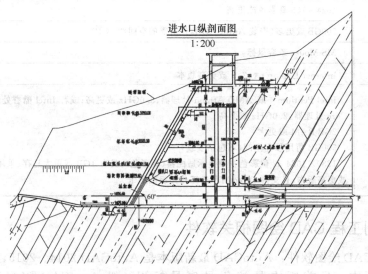

图 1.27　不同比例水利工程施工图

1.2　水利工程 CAD 绘图计算机硬件和软件配置

水利工程 CAD 绘图，需要有相关的电脑设施（即硬件配置要求），并安装相应的操作系统与 CAD 绘图软件（即软件配置要求），二者都是水利工程 CAD 绘图的工具，缺一不可。

1.2.1　水利工程 CAD 绘图相关计算机设备

由于计算机软件功能越来越多，程序也越来越复杂，对计算机性能要求也就越来越高。

为了实现软件运行快速流畅，需要完成的第一项任务是确保计算机满足 CAD 绘图软件运行所需要的最低系统配置要求；如果计算机系统不满足这些要求，在 AutoCAD 使用中可能会出现一些问题，例如出现无法安装或使用起来都十分缓慢费时，甚至经常死机等现象。

若需安装 AutoCAD 2010 以上版本，建议最好采用如表 1.5 配置的计算机，以便获得更为快速的绘图操作效果。当然，若达不到以下计算机配置要求，也可以安装使用，只是运行速度可能较慢，操作需要一点耐心。一般而言，目前的个人计算机都可以满足安装和使用要求。安装过程中会自动检测 Windows 操作系统是 32 位（32bit）还是 64 位（64bit）版本。然后安装适当版本的 AutoCAD。不能在 32 位系统上安装 64 位版本的 AutoCAD，反之亦然。

其他相关硬件设施的配置，根据各自情况确定，如打印机、扫描仪、数码相机刻录机等备选设备。

表 1.6　32 位计算机硬件和软件要求配置（可以运行最新版本）

硬件类型	计算机相关配置参考要求
CPU 类型	Windows XP-Intel® Pentium® 4 或 AMD Athlon™ Dual Core,1.6 GHz 或更高 Windows Vista 或 Windows 7-Intel Pentium 4 或 AMD Athlon Dual Core,3.0 GHz 或更高英特尔(Intel)酷睿四核处理器
内存(RAM)	2GB RAM 或更高
显示分辨率	1024×768 真彩色或更高
硬盘	500GB 或更多(安装 AutoCAD 软件所需的空间约 2GB)
定点设备	MS-Mouse 兼容鼠标
浏览器	Internet Explorer® 7.0 或更高版本
三维建模其他要求(备选)	Intel Pentium 4 或 AMD Athlon 处理器,3.0GHz 或更高；或者 Intel 酷睿处理器或 AMD Dual Core 处理器,2.0GHz 或更高 2GB RAM 或更大 500GB 可用硬盘空间(不包括安装) 1280×1024 32 位彩色视频显示适配器(真彩色),具有 1GB 或更大显存、采用 Pixel Shader 3.0 或更高版本、且支持 Direct3D® 的工作站级图形卡

1.2.2　水利工程 CAD 绘图相关软件

（1）推荐 CAD 绘图软件：AutoCAD 最新版本是 AutoCAD 2014、2015，现在几乎是每年更新一个版本，目前版本是按年号序号标识，如 AutoCAD 2004、2008、2012、2015、…，如图 1.28 所示为 AutoCAD 不同版本。

（2）推荐计算机操作系统：建议采用以下操作系统的 Service Pack（SP3、SP2、SP1）或更高版本。

• Microsoft® Windows® XP、Windows Vista®、Windows 7、Windows 8、Window 10 等。

AutoCAD 的版本越高，对操作系统和计算机的硬件配置要求也越高。采用高版本操作系统，不仅其操作使用简捷明了，而且运行 AutoCAD 速度也会相对加快，操作起来更为流畅。建议采用较高版本的 AutoCAD 与 Windows 操作系统，二者位数版本要一致。

安装了 AutoCAD 以后，单击其快捷图标将进入 AutoCAD 绘图环境。其提供的操作界面非常友好，与 Windows XP、Windows Vista、Windows 7、Windows 8 风格一致，功能也更强大。

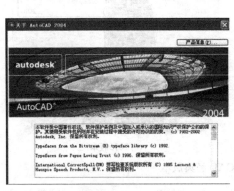

(a) AutoCAD 2004版本　　　　　　　　　　　　　　(b) AutoCAD 2015版本

图 1.28　AutoCAD 不同版本

1.3　AutoCAD 软件安装方法简述

1.3.1　AutoCAD 软件简介

AutoCAD，即 Auto Computer Aided Design 英语第一个字母的简称，是美国欧特克（Autodesk）有限公司（简称"欧特克"或"Autodesk"）的通用计算机辅助设计软件。其在建筑、土木、水利工程、化工、电子、航天、船舶、轻工业、化工、石油和地质等诸多工程领域已得到广泛的应用。AutoCAD 是一个施工一体化、功能丰富、而且面向未来的世界领先设计软件，为全球工程领域的专业设计师们创立更加高效和富有灵活性以及互联性的新一代设计标准，标志着工程设计师们共享设计信息资源的传统方式有了重大突破，AutoCAD 已完成向互联网应用体系的全面升级，也极大地提高了工程设计效率与设计水平。

AutoCAD 的第 1 个版本——AutoCAD R1.0 版本是 1982 年 12 月发布的，至今已进行了多次的更新换代，到现在最新版本 AutoCAD 2014、AutoCAD 2015 等版本，版本更新发展迅速。其中比较经典的几个版本应算 AutoCAD R12、AutoCAD R14、AutoCAD 2000、AutoCAD 2004、AutoCAD 2010，AutoCAD 2012 这几个经典版本每次功能都有较为显著质的变化，可以看作是不同阶段的里程碑，如图 1.29 所示。若要随时获得有关 Autodesk 公司及其软件产品的具体信息，可以访问其英文网站（http：//usa.autodesk.com）或访问其中文网站（http：//www.autodesk.com.cn）。AutoCAD 一直秉承持续改进，不断创新，从二维绘图、工作效率、可用性、自动化、三维设计、三维模型出图等各方面推陈出新，不断进步，已经从当初的简单绘图平台发展成为了综合的设计平台。

2013 年发布的 AutoCAD 2014 版本［如图 1.30 (a)］，具有强大的关联设计工具，具备创建逼真的三维设计、加速文档编制、通过云进行连接，从而实现设计协作以及从移动设备访问它们。通过实时地图和强大的全新实景捕捉功能，AutoCAD 可将设计理念与周围世界紧密连接在一起。2015 年发布的 AutoCAD 2016 版本［如图 1.30 (b)］。

AutoCAD 2016 新特性、新功能包括更全面的画布、更丰富的设计关联环境和更加智能的工具（例如智能标注、协调模型和增强的 PDF）。主要包括如下内容。

(a) R14版本

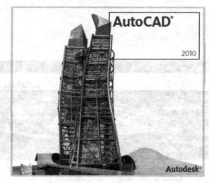
(b) 2010版本

图 1.29　AutoCAD 经典版本

(a) 2014版本

(b) 2016版本

图 1.30　AutoCAD 最新版本

（1）增强的 PDF：PDF 文件更小、更智能、更易搜索。如图 1.31 所示。

（2）智能标注：根据图形关联环境创建精确的测量值。如图 1.32 所示。

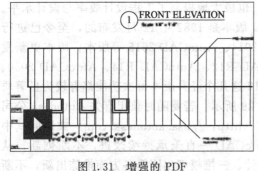

图 1.31　增强的 PDF

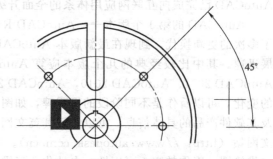

图 1.32　智能标注

（3）绝佳的视觉体验：更加清晰地查看图形中的细节。如图 1.33 所示。

（4）协调模型：在现有 BIM 模型的关联环境中进行设计。如图 1.34 所示。

（5）系统变量监视器：防止对系统设置进行不必要的更改。如图 1.35 所示。

1.3.2　AutoCAD 快速安装方法

　　本节结合 AutoCAD 2016 版本为例介绍其快速安装方法（其他版本如 AutoCAD 2010～

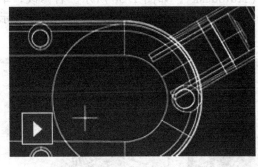

图 1.33 绝佳的视觉体验

图 1.34 协调模型

AutoCAD 2016 等版本的安装方法与此类似，参考 AutoCAD 2016 安装过程即可）。软件光盘插入到计算机的光驱驱动器中。在文件夹中，单击其中的安装图标"setup. exe"或"install. exe"即开始进行安装。将出现安装初始化提示，然后进入安装，如图 1.36 所示。

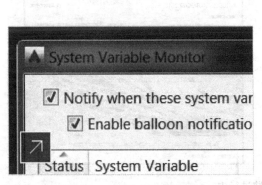

图 1.35 系统变量监视器

图 1.36 安装初始化后进入安装

（1）单击"安装（在此计算机上安装）"，然后选择您所在国家/地区，选择接受许可协议中"我接受（A）"，单击"下一步"。用户必须接受协议才能继续安装（在 AutoCAD 安装中，有的版本 Windows 可能会要求计算机安装". NET Framework 4.0"，选择要安装更新该产品）。注意如果不同意许可协议的条款并希望终止安装，请单击"取消"。如图 1.37 所示。

（2）在弹出"用户和信息产品"页面上，输入用户信息、序列号和产品密钥等。从对话框底部的链接中查看"隐私保护政策"。查看完后，单击"下一步"。注意在此

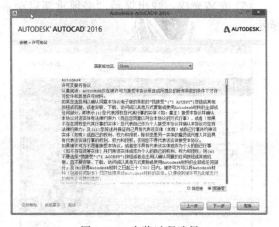

图 1.37 安装过程选择

处输入的信息是永久性的，显示在计算机上的"帮助"菜单中。由于以后无法更改此信息（除非卸载产品），因此请确保输入的信息正确无误。

（3）选择语言或接受默认语言为中文。进入开始安装提示页，若不修改，按系统默认典

型安装，一般安装在系统目录"C：\ Program \ Autodesk"。如图 1.38 所示。若修改，单击"配置"更改相应配置（例如，安装类型、安装可选工具或更改安装路径），然后按提示单击"配置完成"返回安装页面。单击"安装"开始安装 AutoCAD。

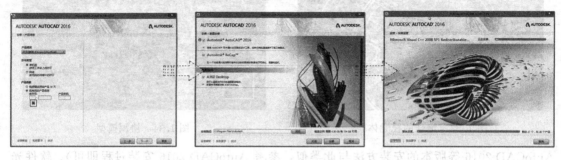

图 1.38　安装提示

（4）安装进行中，系统自动安装所需要的文件（产品），时间可能稍长，安装速度与计算机硬件配置水平有关系。如图 1.39 所示。

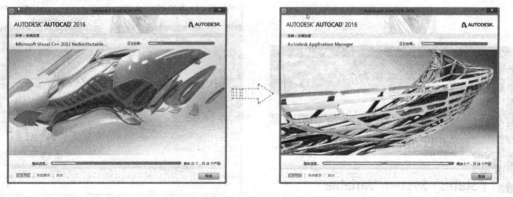

图 1.39　安装进行中

（5）安装完成，弹出提示"必须重新启动系统……"可以单击"Y"或"N"。如图 1.40 所示。

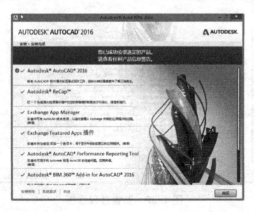
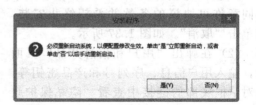

图 1.40　安装完成

（6）启动 AutoCAD 将弹出"产品许可激活"。需购买并输入激活码后，就完成安装，可以使用。否则是试用版本，有 30 天时间限制（30 day trial）。如图 1.41 所示。

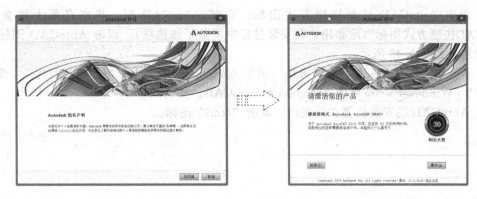

图 1.41　安装激活提示

（7）输入激活码后，AutoCAD 提示"激活完成"激活成功，其他一些信息根据需要填写，也可以忽略不理。单击完成即可。如图 1.42 所示。

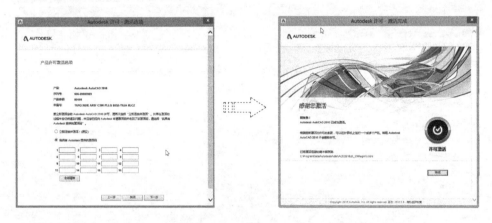

图 1.42　激活产品成功

（8）单击"完成"，AutoCAD 软件完成安装，可以使用该软件进行绘图操作。可以通过下列方式启动 AutoCAD。

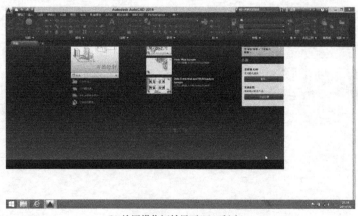

(a) AutoCAD启动图标　　　　　　　(b) 绘图操作初始界面(2016版本)

图 1.43　启动和使用 AutoCAD

　　a. 单击 AutoCAD 桌面快捷方式图标。安装 AutoCAD 时，将在桌面上放置一个 AutoCAD快捷方式图标（除非用户在安装过程中清除了该选项）。双击 AutoCAD 图标可启动该程序。如图 1.43 所示。

　　b. "开始"菜单。例如，在"开始"菜单（Windows XP）上依次单击"程序"（或"所有程序"［Windows Vista］）▶Autodesk▶AutoCAD。

　　c. AutoCAD 的安装位置文件夹内，单击"acad"图标。

第2章 水利工程CAD绘图基本使用方法

Chapter 02

本章主要介绍水利工程 AutoCAD 绘图操作界面布局、相关操作功能分布区域、相关基本系统参数设置；文件新建立、已有文件打开、文件存储和关闭等各种基本操作（注：将结合 AutoCAD 2014 以前版本及 2016 版本为例进行操作，AutoCAD 2000～AutoCAD 2016 等各个版本基本操作与此基本相同或类似）。

2.1 AutoCAD 使用快速入门起步

AutoCAD 新版的操作界面是风格与 Windows 系统和 OFFICE 等软件基本一致，使用更为直观方便，比较符合人体视觉要求。熟悉其绘图环境和掌握基本操作方法，是学习使用 AutoCAD 的基础。

2.1.1 进入 AutoCAD 绘图操作界面

安装了 AutoCAD 以后，单击其快捷图标即可进入 AutoCAD 绘图操作界面，进入的 AutoCAD 初始界面在新版本中默认"草图与注释"绘图空间模式及"欢迎"对话框，如图 2.1 所示。AutoCAD 提供的操作界面非常友好，功能也更强大。初次启动 CAD 时可以使用系统默认的相关参数即可。该模式界面操作区域显示默认状态为黑色，可以将其修改为白色等其他颜色界面（具体修改方法参见后面相关详细讲述）。

进入的 AutoCAD 初始界面在新版本中默认"草图与注释"模式，与以前传统版本的布局样式有所不同，对以前的使用者可能有点不习惯；AutoCAD 2014 以前版本可以单击左上角或右下角"切换工作空间"按钮，在弹出的菜单中选择"AutoCAD 经典"模式，即可得到与以前版本一样的操作界面，如图 2.2 所示。工作空间是由分组组织的菜单、工具栏、选项板和功能区控制面板组成的集合，使用用户可以在专门的、面向任务的绘图环境中工作；使用工作空间时，只会显示与任务相关的菜单、工具栏和选项板。（注：箭头"➡➡➡"表示操作前后顺序，以后表述同此）。对 AutoCAD 2016 版本操作界面，切换为 AutoCAD 经典的方法是单击左上角的"工作空间"右侧三角下拉按钮，选择"显示菜单栏"即可。其他功能面板的显示控制，可以在区域任意位置单击右键，选择勾取进行关闭或打开显示，即可得到类似"AutoCAD 经典"模式操作界面。

为便于学习并与前面各种版本衔接，本书还是采用"AutoCAD 经典"模式进行讲述，掌握了这种基本模式，其他各种模式操作是类似的，很容易掌握使用。如图 2.3 所示为

(a) Auto CAD 2013版本操作界面

(b) "切换工作空间"操作界面

图 2.1　CAD 常见操作界面

AutoCAD 经典绘图模式，该模式操作区域界面显示默认状态为黑色，为清晰起见，改为白色界面（具体修改方法参见后面相关详细讲述）。其中的网格可以单击最下一栏相应中间位置的"网格显示"工具即可开启、关闭不显示网格（或按 F7 键即可）。

　　若操作界面上出现的一些默认工具面板，一时还使用不到，可以先将其逐一关闭。若需使用，再通过"工具"下拉菜单中的"工具栏"将其打开即可弹出。或在菜单栏任意位置单击右键，在快捷菜单上选取需要工具栏即可显示，如图 2.4 所示。

2.1.2　AutoCAD 绘图环境基本设置

2.1.2.1　操作区域背景显示颜色设置

　　单击"工具"下拉菜单，选择其中的"选项"，在弹出的"选项"对话框中，单击"显示"栏，再点击"颜色"按钮，弹出的"图形窗口颜色"对话框中即可设置操作区域背景显示颜色，单击"应用并关闭"按钮返回前一对话框，最后单击"确定"按钮即可完成设置。如图 2.5、图 2.6 所示。背景颜色根据个人绘图习惯设置，一般为白色或黑色。

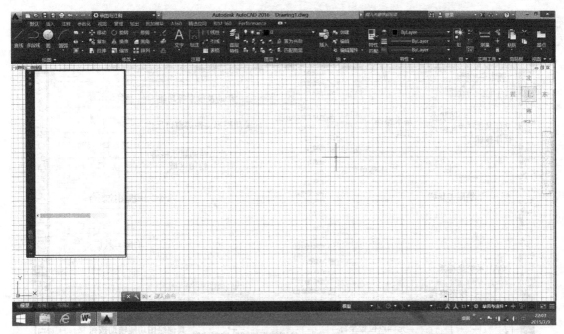

(a) "草图与注释" 模式

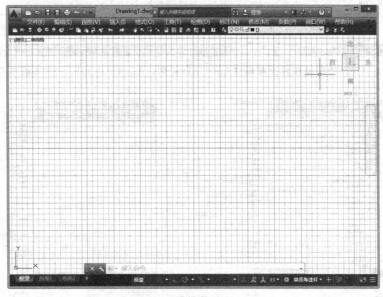

(b) 经典模式

图 2.2　AutoCAD 2016 版本操作界面

2.1.2.2　自动保存和备份文件设置

AutoCAD 提供了图形文件自动保存和备份功能（即创建备份副本），这有助于确保图形数据的安全，出现问题时，用户可以恢复图形备份文件。

备份文件设置方法是，在"选项"对话框的"打开和保存"选项卡中，可以指定在保存图形时创建备份文件。执行此操作后，每次保存图形时，图形的早期版本将保存为具有相同名称并带有扩展名 .bak 的文件，该备份文件与图形文件位于同一个文件夹中。通过将 Windows 资源管理器中的 .bak 文件重命名为带有 .dwg 扩展名的文件，可以恢复为备份版本。如图 2.7 所示。

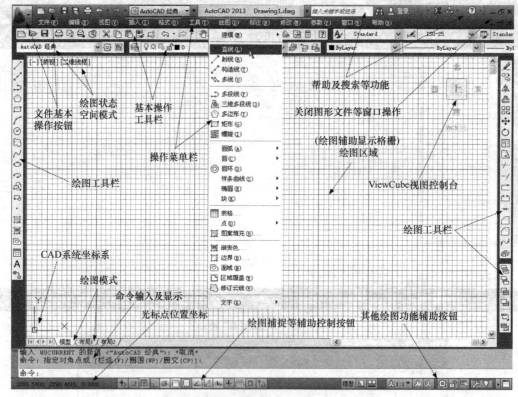

图 2.3　CAD 绘图操作界面布局（AutoCAD 经典，AutoCAD 2010～2014 版本界面）

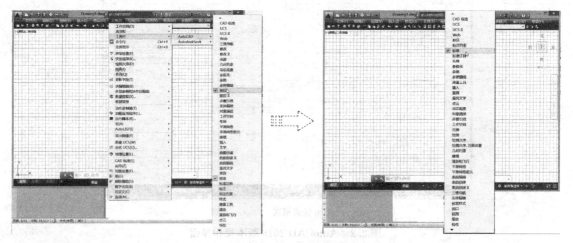

图 2.4　关闭、启动工具面板方法

　　自动保存即是以指定的时间间隔自动保存当前操作图形。启用了"自动保存"选项，将以指定的时间间隔保存图形。默认情况下，系统为自动保存的文件临时指定名称为"filename_a_b_nnnn.sv$"。

　　其中，filename 为当前图形名；a 为在同一工作任务中打开同一图形实例的次数；b 为在不同工作任务中打开同一图形实例的次数；nnnn 为随机数字。这些临时文件在图形正常关闭时自动删除。出现程序故障或电压故障时，不会删除这些文件。要从自动保存的文件恢复图形的早期版本，请通过使用扩展名 *.dwg 代替扩展名 *.sv$ 来重命名文件，然后再

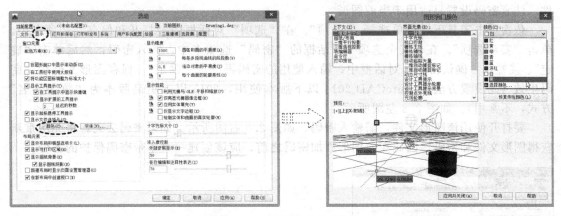

图 2.5 背景颜色设置方法

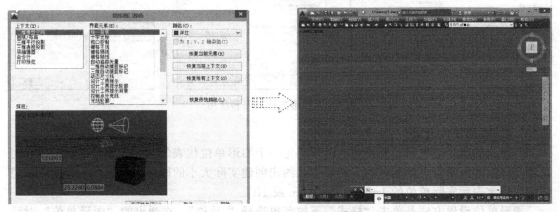

图 2.6 设置不同操作区域背景颜色

关闭程序。自动保存的类似信息显示：

命令：

自动保存到 C：\ Documents and Settings \ Administrator \ local settings \ temp \ Drawing1 _ 1 _ 1 _ 9192. sv $ ...

图 2.7 自动保存和备份文件设置

2.1.2.3 图形文件密码设置

图形文件密码设置，是向图形添加密码并保存图形后，只有输入密码，才能打开图形文件。注意密码设置只适用于当前图形。

　　依次单击工具下拉菜单选择"选项"。在"选项"对话框的"打开和保存"选项卡中，单击"安全选项"。在"安全选项"对话框的"密码"选项卡中，输入密码，然后单击"确定"。接着在"确认密码"对话框中，输入使用的密码再单击"确定"。保存图形文件后，密码生效（此设置方法在 AutoCAD 2014 以下版本使用，2015 以上更高版本为"数字签名"方式，不常用）。如图 2.8 左图所示。

　　要打开使用该图形文件，需输入密码，如图 2.8 右图所示。如果密码丢失，将无法重新获得图形文件和密码，因此在向图形添加密码之前，应该创建一个不带密码保护的备份。

图 2.8　图形文件加密和使用

2.1.2.4　图形单位设置

　　开始绘图前，必须基于要绘制的图形确定一个图形单位代表的实际大小，创建的所有对象都是根据图形单位进行测量的。然后据此约定创建实际大小的图形。例如，一个图形单位的距离通常表示实际单位的 1mm、1cm、1in 或 1ft。

　　图形单位设置方法是单击"格式"下拉菜单选择"单位"。在弹出的"图形单位"对话框即可进行设置长度、角度和插入比例等相关单位和精度数值。如图 2.9 所示，其中：

图 2.9　图形单位设置

　　a. 长度的类型一般设置为小数，长度精度数值为 0。设置测量单位的当前格式。该值包括"建筑"、"小数"、"工程"、"分数"和"科学"。其中，"工程"和"建筑"格式提供英尺和英寸显示并假定每个图形单位表示一英寸，其他格式可表示任何真实单位，如 m、mm 等。

　　b. 角度的类型一般采用十进制度数，也可以采用其他类型。十进制度数以十进制数表示，百分度附带一个小写 g 后缀，弧度附带一个小写 r 后缀。度/分/秒格式用 ° 表示度，用 ′ 表示分，用 ″ 表示秒。以顺时针方向计算正的角度值，默认的正角度方向是逆时针方向。

当提示用户输入角度时，可以单击所需方向或输入角度，而不必考虑"顺时针"设置。

　　c. 插入比例是控制插入到当前图形中的块和图形的测量单位。如果块或图形创建时使用的单位与该选项指定的单位不同，则在插入这些块或图形时，对其按比例缩放。插入比例是源块或图形使用的单位与目标图形使用的单位之比。如果插入块时不按指定单位缩放，请选择"无单位"。

　　d. 光源控制当前图形中光度控制光源的强度测量单位，不常用，可以使用默认值即可。

　　e. 方向控制：主要是设置零角度的方向作为基准角度。

2.1.2.5　不同图形单位转换

　　如果按某一度量衡系统（英制或公制）创建图形，然后希望转换到另一系统，则需要使用"SCALE"功能命令按适当的转换系数缩放模型几何体，以获得准确的距离和标注。

　　例如，要将创建图形的单位从英寸（in）转换为厘米（cm），可以按 2.54 的因子缩放模型几何体。要将图形单位从厘米转换为英寸，则比例因子为 1/2.54 或大约 0.3937。

2.1.2.6　图形界限设置

　　图形界限设置实质是指设置并控制栅格显示的界限，并非设置绘图区域边界。一般地，AutoCAD 的绘图区域是无限的，可以任意绘制图形，不受边界约束。

　　图形界限设置方法是单击"格式"下拉菜单选择"图形界限"，或在命令提示下输入 limits。然后指定界限的左下角点和右上角点即完成设置。该图形界限具体仅是 1 个图形辅助绘图点阵显示范围，如图 2.10 所示。

2.1.2.7　控制主栅格线的频率

　　栅格是点或线的矩阵，遍布指定为栅格界限的整个区域。使用栅格类似于在图形下放置一张坐标纸。利用栅格可以对齐对象并直观显示对象之间的距离。可以将栅格显示为点矩阵或线矩阵。对于所有视觉样式，栅格均显示为线。仅在当前视觉样式设定为"二维线框"时栅格才显示为点。默认情况下，在二维和三维环境中工作时都会显示线栅格。打印图纸时不打印栅格。如果栅格以线而非点显示，则颜色较深的线（称为主栅格线）将间隔显示。在以小数单位或英尺和英寸绘图时，主栅格线对于快速测量距离尤其有用。可以在"草图设置"对话框中控制主栅格线的频率。如图 2.11 所示。

　　要关闭主栅格线的显示，请将主栅格线的频率设定为 1。

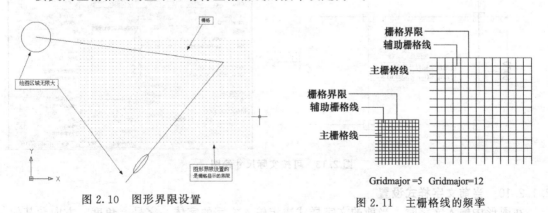

图 2.10　图形界限设置　　　　　　图 2.11　主栅格线的频率

2.1.2.8　文件自动保存格式设置

　　在对图形进行处理时，应当经常进行保存。图形文件的文件扩展名为 .dwg，除非更改保存图形文件所使用的默认文件格式，否则将使用最新的图形文件格式保存图形。AutoCAD 默认文件格式是"AutoCAD 2010 图形（*.dwg）"，这个格式版本较高，若使用低于 AutoCAD 2010 版本的软件如 AutoCAD 2004 版本，图形文件不能打开。因此可以将图形文件设置为稍低版本格式，如"AutoCAD 2000 图形（＊.dwg)"。

　　具体设置方法是：单击"格式"下拉菜单选择"选项"命令，在弹出的"选项"对话框现在"打开和保存"栏，对其中大文件保存下方另存为进行选择即可进行设置为不同大格式，然后点击确定按钮，AutoCAD 图形保存默认文件格式将改变为所设置大格式。如图 2.12 所示。

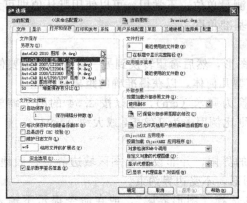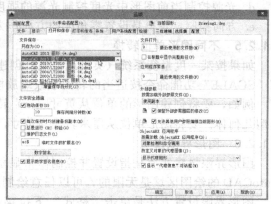

(a) AutoCAD 2014 以前版本　　　　　　　(b) AutoCAD 2015 以后版本

图 2.12　图形保存格式设置

2.1.2.9　绘图比例设置

　　在进行 CAD 绘图时，一般是按 1∶1 进行绘制，即实际尺寸是多少，绘图绘制多少，例如：轴距为 6000mm，在绘图时绘制 6000，如图 2.13 所示。所需绘图比例通过打印输出时，在"打印比例"设定所需要的比例大小，详细内容参考后面打印输出相关章节。对于详图或节点大样图，可以先将其放大相同的倍数后再进行绘制，例如细部为 6mm，在绘图时可以放大 10 倍，绘制 60mm，然后在打印时按相应比例控制输出即可，详细内容参考后面打印输出相关章节。

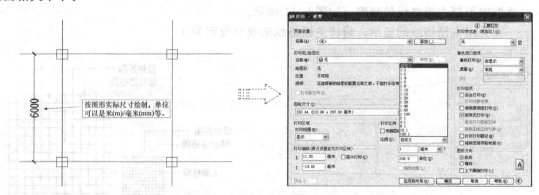

图 2.13　可按实际尺寸绘图

2.1.2.10　当前文字样式设置

　　在图形中输入文字时，当前的文字样式决定输入文字的字体、字号、角度、方向和其他文字特征，图形中的所有文字都具有与之相关联的文字样式。输入文字时，程序将使用当前文字样式。当前文字样式用于设置字体、字号、倾斜角度、方向和其他文字特征。如果要使用其他文字样式来创建文字，可以将其他文字样式置于当前。

　　设置方法是单击"格式"下拉菜单选择"文字样式"命令，在弹出"文字样式"对话框中进行设置，包括样式、字体、字高等，然后单击"置为当前"按钮，再依次单击"应用"、

"关闭"按钮即可。如图 2.14 所示。

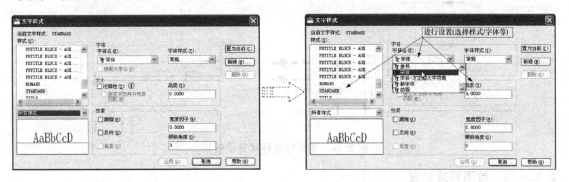

图 2.14　文字样式设置

2.1.2.11　当前标注样式设置

标注样式是标注设置的命名集合，可用来控制标注的外观，如箭头样式、文字位置和尺寸公差等。可以通过更改设置控制标注的外观，同时为了便于使用、维护标注标准，可以将这些设置存储在标注样式中。在进行尺寸标注时，将使用当前标注样式中的设置；如果要修改标注样式中的设置，则图形中的所有标注将自动使用更新后的样式。

设置方法是：单击"格式"下拉菜单选择"标注样式"命令，在弹出"标注样式"对话框中点击"修改"按钮弹出"修改标注样式"进行设置，依次单击相应的栏，包括线、符号和箭头、文字、主单位等，根据图幅大小设置合适的数值，然后单击"确定"按钮返回上一窗口，再依次单击"置为当前"、"关闭"按钮即可。如图 2.15 所示。

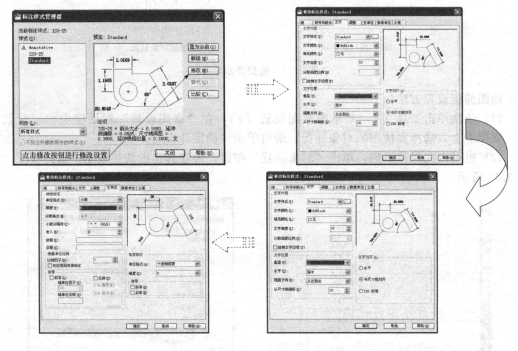

图 2.15　标注样式依次设置

若调整修改后标注等显示效果不合适，重复上述操作，继续修改调整其中的数据参数，直至合适为止，如图 2.16 所示。

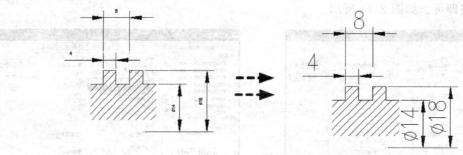

图 2.16　不同标注样式显示效果

2.1.2.12　绘图捕捉设置

使用对象捕捉可指定对象上的精确位置。例如，使用对象捕捉可以绘制到圆心或多段线中点的直线。不论何时提示输入点，都可以指定对象捕捉。默认情况下，当光标移到对象的对象捕捉位置时，将显示标记和工具提示，如图 2.17 所示。

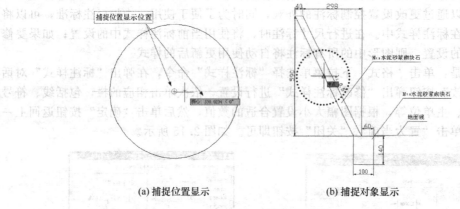

(a) 捕捉位置显示　　　　　　(b) 捕捉对象显示

图 2.17　捕捉显示示意

绘图捕捉设置方法如下。

（1）依次单击工具（T）菜单中草图设置（F），在"草图设置"对话框中的"对象捕捉"选项卡上，选择要使用的对象捕捉，最后单击"确定"即可。

（2）也可以在屏幕下侧，单击"对象捕捉"按钮，再在弹出的快捷菜单中选择设置。如图 2.18 所示。

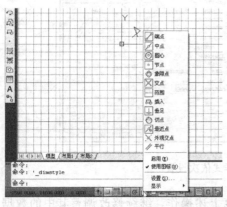

图 2.18　捕捉设置

2.1.2.13　线宽设置

线宽是指定给图形对象以及某些类型文字的宽度值。使用线宽，可以用粗线和细线清楚地表现出各种不同线条，以及细节上的不同，也通过为不同的图层指定不同的线宽，可以轻松得到不同的图形线条效果。一般情况下，需要选择了状态栏上的"显示/隐藏线宽"按钮进行开启，否则一般在屏幕上将不显示线宽。线宽设置方法是：单击"格式"下拉菜单选择"线宽"命令，在弹出"线宽设置"对话框中相关按钮进行设置。如图 2.19 所示。若勾取"显示线宽"选项后，屏幕将显示线条宽度，包括各种相关线条。如图 2.20 所示。具有线宽的对象将以指定线宽值的精确宽度打印。

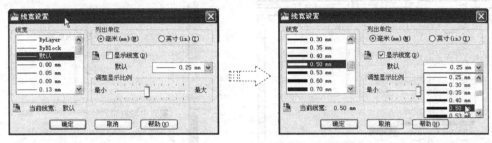

图 2.19　线宽设置

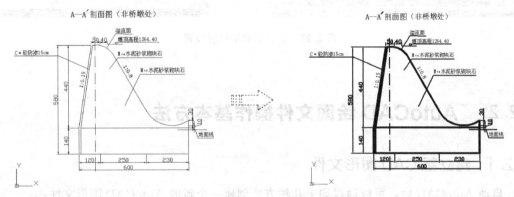

图 2.20　各种线条及文字都显示线宽

需要说明的是，在模型空间中，线宽以像素为单位显示，并且在缩放时不发生变化。因此，在模型空间中精确表示对象的宽度时不应该使用线宽。例如，如果要绘制一个实际宽度为 0.5 mm 的对象，不能使用线宽，而应用宽度为 0.5mm 的多段线表示对象。

指定图层线宽的方法是：依次单击"工具"下拉菜单选择"选项板"，然后选择"图层"面板，弹出图层特性管理器，单击与该图层关联的线宽；在"线宽"对话框的列表中选择线宽；最后单击"确定"关闭各个对话框。如图 2.21 所示。

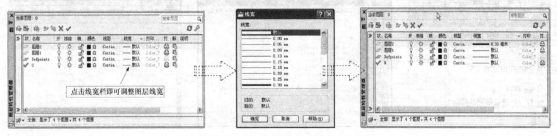

图 2.21　指定图层线宽

2.1.2.14　坐标系可见性和位置设置

屏幕中的坐标系可以显示或关闭不显示。打开或关闭 UCS 图标显示的方法是依次单击视图（V）➤显示（L）➤UCS 图标（U）➤开（O），复选标记指示图标是开还是关。

UCS 坐标系一般将在 UCS 原点或当前视口的左下角显示 UCS 图标，要在这两者之间位置进行切换，可以通过依次单击"视图➤显示 UCS 坐标➤原点"即可切换。如果图标显示在当前 UCS 的原点处，则图标中有一个加号（＋）。如果图标显示在视口的左下角，则图标中没有加号。如图 2.22 所示。

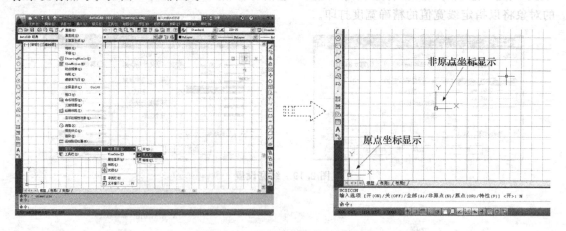

图 2.22　坐标系显示位置设置

2.2　AutoCAD 绘图文件操作基本方法

2.2.1　建立新 CAD 图形文件

启动 AutoCAD 后，可以通过如下几种方式创建一个新的 AutoCAD 图形文件：

■ "文件"下拉菜单：选择"文件"下拉菜单的"新建"命令选项。

■ 在"命令："命令行下输入 NEW（或 new）或 N（或 n），不区分大小写。

■ 使用标准工具栏：单击左上"新建"或标准工具栏中的"新建"命令图标按钮。

■ 直接使用"Ctrl＋N"快捷键。

执行上述操作后，将弹出的"选择样板"对话框中，可以选取"acad"文件或使用默认样板文件直接点击"打开"按钮即可。如图 2.23 所示。

图 2.23　建立新图形文件

2.2.2　打开已有 CAD 图形

启动 AutoCAD 后，可以通过如下几种方式打开一个已有的 AutoCAD 图形文件：

■ 打开"文件"下拉菜单，选择"打开"命令选项。

■ 使用标准工具栏：单击标准工具栏中的"打开"命令图标。

■ 在"命令："命令行下输入 OPEN 或 open。

■ 直接使用"Ctrl＋O"快捷键。

执行上述操作后，将弹出的"选择文件"对话框中，在"查找范围"中点击选取文件所在位置，然后选中要打开的图形文件，最后点击"打开"按钮即可。如图 2.24 所示。

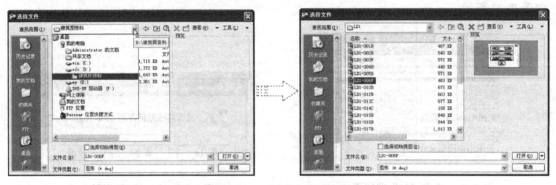

图 2.24　打开已有图形

2.2.3　保存 CAD 图形

启动 AutoCAD 后，可以通过如下几种方式保存绘制好的 AutoCAD 图形文件。

■ 单击"文件"下拉菜单选择其中的"保存"命令选项。

■ 使用标准工具栏：单击标准工具栏中的【保存】命令图标。

■ 在"命令："命令行下输入 SAVE 或 save。

■ 直接使用"Ctrl＋S"快捷键。

执行上述操作后，将弹出的"图形另存为"对话框中，在"保存于"中单击选取要保存文件位置，然后输入图形文件名称，最后单击"保存"按钮即可。如图 2.25 所示。对于非首次保存的图形，CAD 不再提示上述内容，而是直接保存图形。

图 2.25　保存图形

若以另外一个名字保存图形文件，可以通过单击"文件"下拉菜单的选择"另存为"命令选项。执行"另存为"命令后，AutoCAD 将弹出图形如图 2.25 所示对话框，操作与前述保存操作相同。

2.2.4 关闭 CAD 图形

启动 AutoCAD 后，可以通过如下几种方式关闭图形文件。

■ 在"文件"下拉菜单选择"关闭"命令选项。

■ 在"命令:"命令行下输入 CLOSE 或 close。

■ 单击图形右上角的"×"，如图 2.26 所示。

执行"关闭"命令后，若该图形没有存盘，AutoCAD 将弹出警告"是否将改动保存到 ***.dwg?"，提醒需不需要保存图形文件。选择"是（Y）"，将保存当前图形并关闭它，选择"否（N）"将不保存图形直接关闭它，选择"取消"表示取消关闭当前图形的操作。如图 2.27 所示。

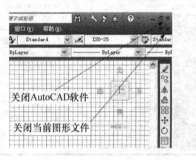

图 2.26　点击"×"关闭图形

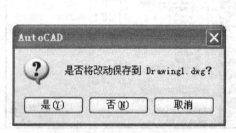

图 2.27　AutoCAD 询问提示

2.2.5 退出 AutoCAD 软件

可以通过如下方法实现退出 AutoCAD。

■ 从"文件"下拉菜单中选择"退出"命令选项。

■ 在"命令:"命令行下输入 EXIT 或 exit 后回车。

■ 在"命令:"命令行下输入 QUIT（退出）或 quit 后回车。

■ 单击图形右上角最上边的"×"，如图 2.26 所示。

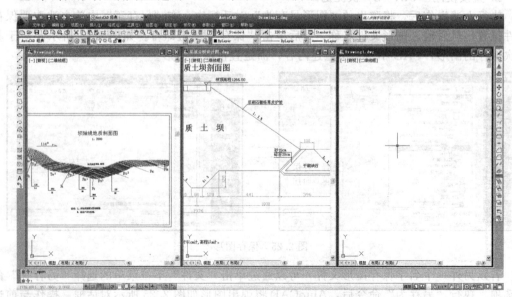

图 2.28　不同图形文件窗口切换

2.2.6　同时打开多个 CAD 图形文件

AutoCAD 支持同时打开多个图形文件，若需在不同图形文件窗口之间切换，可以打开"窗口"下拉菜单，选择需要打开的文件名称即可。如图 2.28 所示。

2.3　常用 AutoCAD 绘图辅助控制功能

2.3.1　CAD 绘图动态输入控制

"动态输入"在光标附近提供了一个命令界面，以帮助用户专注于绘图区域。动态输入有 3 个组件：指针输入、标注输入和动态提示。打开动态输入时，工具提示将在光标旁边显示信息，该信息会随光标移动动态更新。当某命令处于活动状态时，工具提示将为用户提供输入的位置。在输入字段中输入值并按 TAB 键后，该字段将显示一个锁定图标，并且光标会受用户输入的值约束。随后可以在第二个输入字段中输入值。另外，如果用户输入值然后按"Enter"键，则第二个输入字段将被忽略，且该值将被视为直接距离输入，如图 2.29 所示。单击底部状态栏上的动态输入按钮图标以打开和关闭动态输入，也可以按下"F12"键临时关闭/启动动态输入。

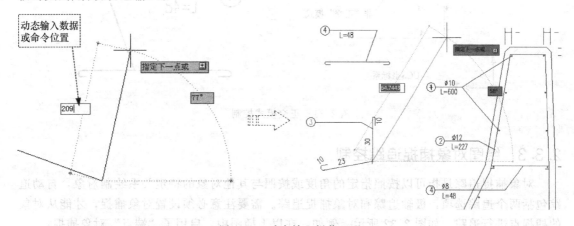

图 2.29　动态输入操作显示

对动态显示可以通过设置进行控制。在底部状态栏上的动态输入按钮图标上单击鼠标右键，然后单击"设置"以控制在启用"动态输入"时每个步骤所显示的内容，可以设置指针输入、标注输入、动态提示等事项内容，如图 2.30 所示。

2.3.2　正交模式控制

约束光标在水平方向或垂直方向移动。在正交模式下，光标移动限制在水平或垂直方向上（相对于当前 UCS 坐标系，将平行于 UCS 的 X 轴方向定义为水平方向，将平行于 Y 轴的方向定义为垂直方向）。如图 2.31 所示。

在绘图和编辑过程中，可以随时打开或关闭"正交"。输入坐标或指定对象捕捉时将忽略"正交"模式。要临时打开或关闭"正交"模式，请按住临时替代键 Shift（使用临时替代键时，无法使用直接距离输入方法）。要控制正交模式，单击底部状态栏上的"正交模式"按钮图标以启动和关闭正交模式，也可以按下"F8"键临时关闭/启动"正交模式"。

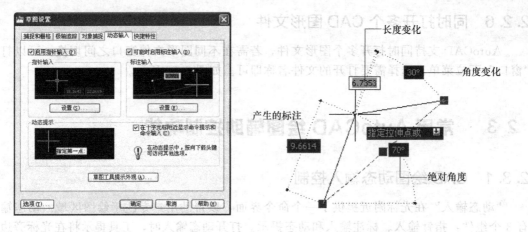

(a) 动态设置对话框　　　　　(b) 标注输入动态显示

图 2.30　动态输入控制

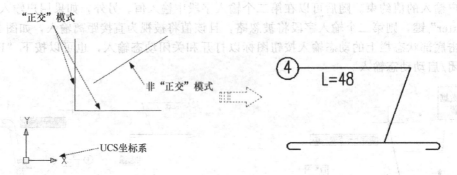

图 2.31　正交模式控制

2.3.3　绘图对象捕捉追踪控制

对象捕捉追踪是指可以按照指定的角度或按照与其他对象的特定关系绘制对象，自动追踪包括两个追踪选项：极轴追踪和对象捕捉追踪。需要注意必须设置对象捕捉，才能从对象的捕捉点进行追踪。如图 2.32 所示。例如，在以下插图中，启用了"端点"对象捕捉：

① 单击直线的起点 a 开始绘制直线；

② 将光标移动到另一条直线的端点 b 处获取该点；

③ 然后沿水平对齐路径移动光标，定位要绘制直线的端点 c。

可以通过单击底部状态栏上的"极轴"或"对象追踪"按钮打开或关闭自动追踪。也可以按下"F11"键可以临时关闭/启动"对象追踪"。

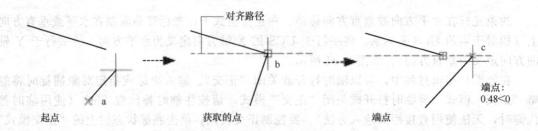

图 2.32　对象捕捉追踪控制

2.3.4　二维对象绘图捕捉方法（精确定位方法）

二维对象捕捉方式有端点、中点、圆心等多种，如图 2.33 所示，在绘制图形时一定要掌握，可以精确定位绘图位置。常用的捕捉方法如下所述。捕捉方式可以用于绘制图形时准确定位，使得所绘制图形快速定位于相应的位置点。

图 2.33　二维对象绘图捕捉方式

（1）端点捕捉是指捕捉到圆弧、椭圆弧、直线、多行、多段线线段、样条曲线、面域或射线最近的端点，或捕捉宽线、实体或三维面域的最近角点。如图 2.34（a）所示。

（2）中点捕捉是指捕捉到圆弧、椭圆、椭圆弧、直线、多行、多段线线段、面域、实体、样条曲线或参照线的中点。如图 2.34（b）所示。

（3）中心点捕捉是指捕捉到圆弧、圆、椭圆或椭圆弧的中心点。如图 2.34（c）所示。

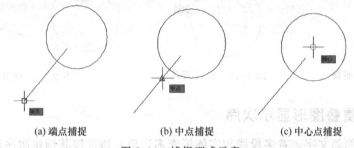

(a) 端点捕捉　　　　　　(b) 中点捕捉　　　　　　(c) 中心点捕捉

图 2.34　捕捉型式示意

（4）交点捕捉是指捕捉到圆弧、圆、椭圆、椭圆弧、直线、多行、多段线、射线、面域、样条曲线或参照线的交点。延伸捕捉，当光标经过对象的端点时，显示临时延长线或圆弧，以便用户在延长线或圆弧上指定点。"延伸交点"不能用作执行对象捕捉模式。"交点"和"延伸交点"不能和三维实体的边或角点一起使用。外观交点捕捉是指不在同一平面但在当前视图中看起来可能相交的两个对象的视觉交点。"延伸外观交点"不能用作执行对象捕捉模式。"外观交点"和"延伸外观交点"不能和三维实体的边或角点一起使用。如图 2.35 所示。

（5）象限捕捉是指捕捉到圆弧、圆、椭圆或椭圆弧的象限点。如图 2.36 所示。

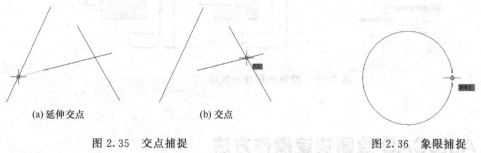

(a) 延伸交点　　　　　　　　(b) 交点

图 2.35　交点捕捉　　　　　　　　图 2.36　象限捕捉

（6）垂足捕捉是指捕捉圆弧、圆、椭圆、椭圆弧、直线、多线、多段线、射线、面域、实体、样条曲线或构造线的垂足。如图 2.37 所示。

（7）当正在绘制的对象需要捕捉多个垂足时，将自动打开"递延垂足"捕捉模式。可以用直线、圆弧、圆、多段线、射线、参照线、多行或三维实体的边作为绘制垂直线的基础对象。可以用"递延垂足"在这些对象之间绘制垂直线。当靶框经过"递延垂足"捕捉点时，将显示 AutoSnap 工具提示和标记。

（8）切点捕捉是指捕捉到圆弧、圆、椭圆、椭圆弧或样条曲线的切点。当正在绘制的对象需要捕捉多个垂足时，将自动打开"递延垂足"捕捉模式。可以使用"递延切点"来绘制与圆弧、多段线圆弧或圆相切的直线或构造线。当靶框经过"递延切点"捕捉点时，将显示标记和 AutoSnap 工具提示。当用"自选项"结合"切点"捕捉模式来绘制除开始于圆弧或圆的直线以外的对象时，第一个绘制的点是与在绘图区域最后选定的点相关的圆弧或圆的切点。如图 2.38 所示。

（9）最近点捕捉是指捕捉到圆弧、圆、椭圆、椭圆弧、直线、多行、点、多段线、射线、样条曲线或参照线距离当前光标位置的最近点。如图 2.39 所示。

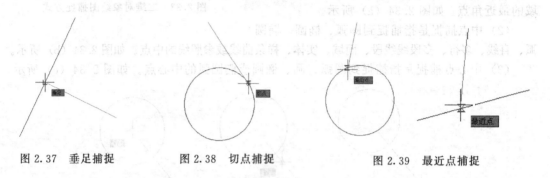

图 2.37　垂足捕捉　　　　图 2.38　切点捕捉　　　　图 2.39　最近点捕捉

2.3.5　控制重叠图形显示次序

重叠对象（例如文字、宽多段线和实体填充多边形）通常按其创建次序显示，新创建的对象显示在现有对象前面。可以使用 DRAWORDER 改变所有对象的绘图次序（显示和打印次序），使用 TEXTTOFRONT 可以更改图形中所有文字和标注的绘图次序。

依次单击图形对象，然后单击右键，弹出快捷菜单，选择绘图次序，在根据需要选择"置于对象之上"和"置于对象之下"等相应选项。如图 2.40 所示。

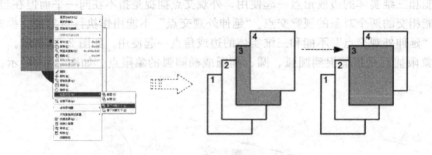

图 2.40　控制图形显示次序

2.4　AutoCAD 绘图快速操作方法

2.4.1　全屏显示方法

"全屏显示"是指屏幕上仅显示菜单栏、"模型"选项卡和布局选项卡（位于图形底部）、状态栏和命令行。"全屏显示"按钮位于应用程序状态栏的右下角，使用鼠标直接单击该按钮图标即可实现开启或关闭"全屏显示"。或打开"视图"下拉菜单选择"全屏显示"即可。如图 2.41 所示。

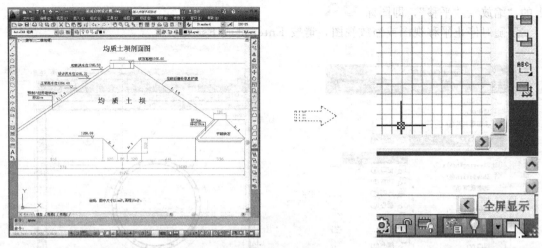

(a) 一般显示绘图环境

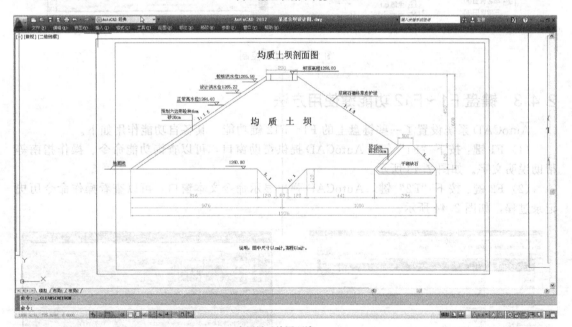

(b) 全屏显示绘图环境

图 2.41　全屏显示

2.4.2　视图控制方法

视图控制只是对图形在屏幕上显示的位置进行改变，并不更改图形中对象的位置和大小等。可以通过以下方法移动或缩放视图。

■缩放屏幕视图范围：前后转动鼠标中间的轮子即可；或者不选定任何对象，在绘图区域单击鼠标右键，在弹出的快捷菜单中选择"缩放"，然后拖动鼠标即可进行。

■平移屏幕视图范围：不选定任何对象，在绘图区域单击鼠标右键，在弹出的快捷菜单中选择"平移",然后拖动鼠标即可进行,如图 2.42 所示。

■在"命令"输入"ZOOM 或 Z"(缩放视图)、"PAN 或 P"(平移视图)。

■单击"标准"工具栏上的"实时缩放"或"实时平移"按钮,也可以单击底部状态栏上的"缩放"、"平移",即图标 。

要随时停止平移视图或缩放视图,请按 Enter 键或 Esc 键。

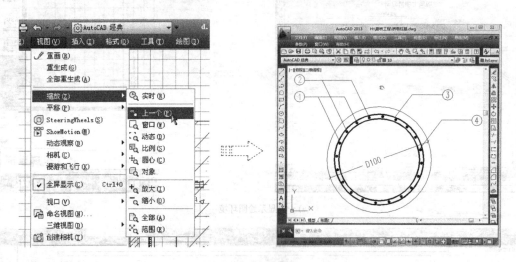

图 2.42 视图控制

2.4.3 键盘 F1~F12 功能键使用方法

AutoCAD 系统设置了一些键盘上的 F1~F12 键功能,其各自功能作用如下。

(1) F1 键:按下"F1"键,AutoCAD 提供帮助窗口,可以查询功能命令、操作指南等帮助说明文字。如图 2.43 所示。

(2) F2 键:按下"F2"键,AutoCAD 弹出显示命令文本窗口,可以查看操作命令历史记录过程,如图 2.44 所示。

图 2.43 F1 键提供帮助功能

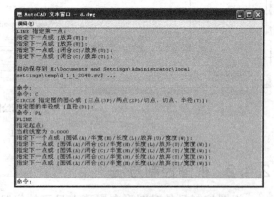

图 2.44 F2 键显示命令文本窗口

(3) F3 键:开启、关闭对象捕捉功能。按下"F3"键,AutoCAD 控制绘图对象捕捉进行切换,再按一下 F3,关闭对象捕捉功能,再按一下,启动对象捕捉功能。如图 2.45 所示。

(4) F4 键:开启、关闭三维对象捕捉功能。如图 2.46 所示。

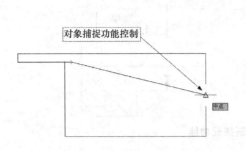

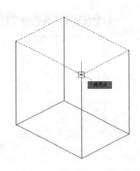

图 2.45　F3 键控制捕捉功能　　　　　　　图 2.46　F4 键三维对象捕捉

（5）F5 键：按下"F5"键，切换等轴测平面不同视图，包括等轴测平面俯视、等轴测平面右视、等轴测平面左视。这在绘制等轴测图时使用。如图 2.47 所示。

（6）F6 键：按下"F6"键，AutoCAD 控制开启或关闭动态 UCS 坐标系，在绘制三维图形使用 UCS 坐标时使用。

（7）F7 键：按下"F7"键，AutoCAD 控制显示或隐藏格栅线。如图 2.48 所示。

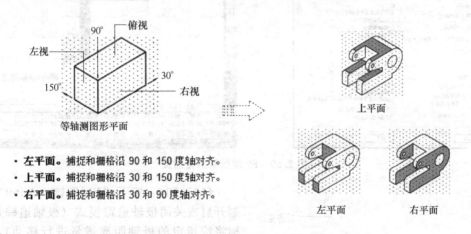

·**左平面**。捕捉和栅格沿 90 和 150 度轴对齐。
·**上平面**。捕捉和栅格沿 30 和 150 度轴对齐。
·**右平面**。捕捉和栅格沿 30 和 90 度轴对齐。

图 2.47　F5 键等轴测平面不同视图

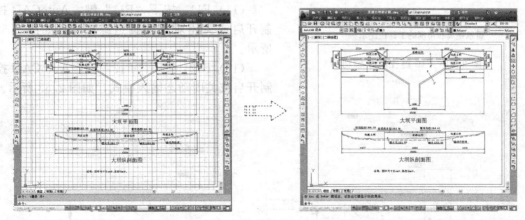

图 2.48　F7 键显示或隐藏格栅

（8）F8 键：按下"F8"键，AutoCAD 控制绘图时图形线条是否为水平/垂直方向或倾斜方向，称为正交模式控制。如图 2.49 所示。

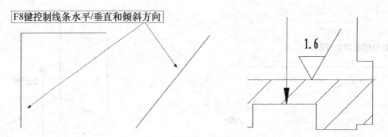

图 2.49　F8 键控制捕捉功能

（9）F9 键：按下"F9"键，AutoCAD 控制绘图时通过指定栅格距离大小设置进行捕捉。与 F3 键不同，F9 控制捕捉位置是不可见矩形栅格距离位置，以限制光标仅在指定的 X 和 Y 间隔内移动。打开或关闭此种捕捉模式，可以通过单击状态栏上的"捕捉模式"、按 F9 键，或使用 SNAPMODE 系统变量，来打开或关闭捕捉模式。如图 2.50 所示。

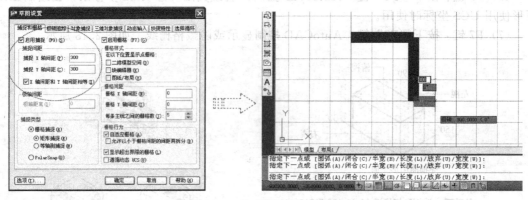

图 2.50　F9 键控制格栅捕捉

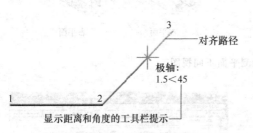

图 2.51　F10 键控制极轴功能

（10）F10：按下"F10"键，AutoCAD 控制开启或关闭极轴追踪模式（极轴追踪是指光标将按指定的极轴距离增量进行移动），如图 2.51 所示。

（11）F11：按下"F11"键，AutoCAD 控制开启或关闭对象捕捉追踪模式。如图 2.52 所示。

（12）F12：按下"F12"键，AutoCAD 控制开启或关闭动态输入模式，如图 2.53 所示。

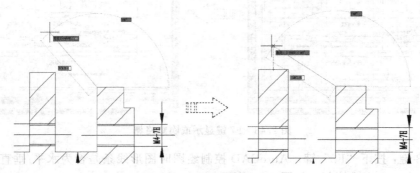

图 2.52　F11 键对象捕捉追踪

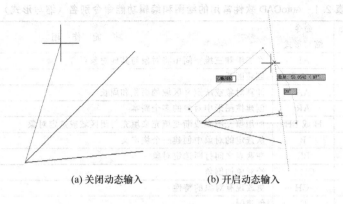

(a) 关闭动态输入　　　　　(b) 开启动态输入

图 2.53　F12 键控制动态输入模式

2.4.4　AutoCAD 功能命令别名（简写或缩写形式）

AutoCAD 软件绘图的各种功能命令是使用英语单词形式，即使是 AutoCAD 中文版也是如此，不能使用中文命令进行输入操作。例如，绘制直线的功能命令是"line"，输入的命令是"line"，不能使用中文"直线"作为命令输入。

另外，AutoCAD 软件绘图的各种功能命令不区分大小写，功能相同，在输入功能命令时可以使用大写字母，也可以使用小写字母。例如，输入绘制直线的功能命令时，可以使用"LINE"，也可以使用"line"，输入形式如下：

命令：LINE

或：

命令：line

AutoCAD 软件提供多种方式启动各种功能命令。一般可以通过以下 3 种方式执行相应的功能命令。

■ 打开下拉菜单选择相应的功能命令选项。

■ 单击相应工具栏上的相应功能命令图标。

■ 在"命令："命令行提示下直接输入相应功能命令的英文字母（注：不能使用中文汉字作为命令输入）。

命令别名是在命令提示下代替整个命令名而输入的缩写或简写。例如，可以输入"c"代替"circle"来启动 CIRCLE 命令。别名与键盘快捷键不同，快捷键是多个按键的组合，例如 SAVE 的快捷键是 CTRL+S。

具体地说，在使用 AutoCAD 软件绘图的各种功能命令时，部分绘图和编辑等功能命令可以使用其缩写形式代替，二者作用完全相同。例如，绘制直线的功能命令"line"，其缩写形式为"l"，在输入时可以使用"LINE"或"line"，也可以使用"L"或"l"，它们作用完全相同，即：

命令：LINE

或：

命令：L

AutoCAD 软件常用的绘图和编辑功能命令别名（缩写形式）主要如表 2.1 所列。

表 2.1　AutoCAD 软件常用的绘图和编辑功能命令别名（缩写形式）

序号	功能命令 全称	命令 缩写形式	功　能　作　用
1	ALIGN	AL	在二维和三维空间中将对象与其他对象对齐
2	ARC	A	创建圆弧
3	AREA	AA	计算对象或所定义区域的面积和周长
4	ARRAY	AR	创建按图形中对象的多个副本
5	BHATCH	H 或 BH	使用填充图案或渐变填充来填充封闭区域或选定对象
6	BLOCK	B	从选定的对象中创建一个块定义
7	BREAK	BR	在两点之间打断选定对象
8	CHAMFER	CHA	给对象加倒角
9	CHANGE	-CH	更改现有对象的特性
10	CIRCLE	C	创建圆
11	COPY	CO 或 CP	在指定方向上按指定距离复制对象
12	DDEDIT	ED	编辑单行文字、标注文字、属性定义和功能控制边框
13	DDVPOINT	VP	设置三维观察方向
14	DIMBASELINE	DBA	从上一个标注或选定标注的基线处创建线性标注、角度标注或坐标标注
15	DIMALIGNED	DAL	创建对齐线性标注
16	DIMANGULAR	DAN	创建角度标注
17	DIMCENTER	DCE	创建圆和圆弧的圆心标记或中心线
18	DIMCONTINUE	DCO	创建从先前创建的标注的尺寸界线开始的标注
19	DIMDIAMETER	DDI	为圆或圆弧创建直径标注
20	DIMEDIT	DED	编辑标注文字和尺寸界线
21	DIMLINEAR	DLI	创建线性标注
22	DIMRADIUS	DRA	为圆或圆弧创建半径标注
23	DIST	DI	测量两点之间的距离和角度
24	DIVIDE	DIV	创建沿对象的长度或周长等间隔排列的点对象或块
25	DONUT	DO	创建实心圆或较宽的环
26	DSVIEWER	AV	打开"鸟瞰视图"窗口
27	DVIEW	DV	使用相机和目标来定义平行投影或透视视图
28	ELLIPSE	EL	创建椭圆或椭圆弧
29	ERASE	E	从图形中删除对象
30	EXPLODE	X	将复合对象分解为其组件对象
31	EXPORT	EXP	以其他文件格式保存图形中的对象
32	EXTEND	EX	扩展对象以与其他对象的边相接
33	EXTRUDE	EXT	通过延伸对象的尺寸创建三维实体或曲面
34	FILLET	F	给对象加圆角
35	HIDE	HI	重生成不显示隐藏线的三维线框模型
36	IMPORT	IMP	将不同格式的文件输入当前图形中
37	INSERT	I	将块或图形插入当前图形中
38	LAYER	LA	管理图层和图层特性
39	LEADER	LEAD	创建连接注释与特征的线
40	LENGTHEN	LEN	更改对象的长度和圆弧的包含角
41	LINE	L	创建直线段
42	LINETYPE	LT	加载、设置和修改线型
43	LIST	LI	为选定对象显示特性数据
44	LTSCALE	LTS	设定全局线型比例因子
45	LWEIGHT	LW	设置当前线宽、线宽显示选项和线宽单位
46	MATCHPROP	MA	将选定对象的特性应用于其他对象
47	MIRROR	MI	创建选定对象的镜像副本
48	MLINE	ML	创建多条平行线
49	MOVE	M	在指定方向上按指定距离移动对象

序号	功能命令全称	命令缩写形式	功　能　作　用
50	MTEXT	MT 或 T	创建多行文字对象
51	OFFSET	O	创建同心圆、平行线和平行曲线
52	PAN	P	将视图平面移到屏幕上
53	PEDIT	PE	编辑多段线和三维多边形网格
54	PLINE	PL	创建二维多段线
55	POINT	PO	创建点对象
56	POLYGON	POL	创建等边闭合多段线
57	PROPERTIES	CH	控制现有对象的特性
58	PURGE	PU	删除图形中未使用的项目,例如块定义和图层
59	RECTANG	REC	创建矩形多段线
60	REDO	U	恢复上一个用 UNDO 或 U 命令放弃的效果
61	REDRAW	R	刷新当前视口中的显示
62	REVOLVE	REV	通过绕轴扫掠对象创建三维实体或曲面
63	ROTATE	RO	绕基点旋转对象
64	SCALE	SC	放大或缩小选定对象,使缩放后对象的比例保持不变
65	SECTION	SEC	使用平面和实体、曲面或网格的交集创建面域
66	SLICE	SL	通过剖切或分割现有对象,创建新的三维实体和曲面
67	SOLID	SO	创建实体填充的三角形和四边形
68	SPLINE	SPL	创建通过拟合点或接近控制点的平滑曲线
69	SPLINEDIT	SPE	编辑样条曲线或样条曲线拟合多段线
70	STRETCH	S	拉伸与选择窗口或多边形交叉的对象
71	STYLE	ST	创建、修改或指定文字样式
72	SUBTRACT	SU	通过减法操作来合并选定的三维实体或二维面域
73	TORUS	TOR	创建圆环形的三维实体
74	TRIM	TR	修剪对象以与其他对象的边相接
75	UNION	UNI	通过加操作来合并选定的三维实体、曲面或二维面域
76	UNITS	UN	控制坐标和角度的显示格式和精度
77	VIEW	V	保存和恢复命名视图、相机视图、布局视图和预设视图
78	VPOINT	VP	设置图形的三维可视化观察方向
79	WBLOCK	W	将对象或块写入新图形文件
80	WEDGE	WE	创建三维实体楔体

2.5　AutoCAD 图形坐标系

以命令提示输入点时,可以使用定点设备指定点,也可以在命令提示下输入坐标值。打开动态输入时,可以在光标旁边的工具提示中输入坐标值。可以按照笛卡尔坐标（X,Y）或极坐标输入二维坐标。笛卡尔坐标系有三个轴,即 X、Y 和 Z 轴。输入坐标值时,需要指示沿 X 轴、Y 轴和 Z 轴相对于坐标系原点（0,0,0）的距离（以单位表示）及其方向（正或负）。在二维中,在 XY 平面（也称为工作平面）上指定点。工作平面类似于平铺的网格纸。笛卡尔坐标的 X 值指定水平距离,Y 值指定垂直距离。原点（0,0）表示两轴相交的位置。极坐标使用距离和角度来定位点。使用笛卡尔坐标和极坐标,均可以基于原点（0,0）输入绝对坐标,或基于上一指定点输入相对坐标。输入相对坐标的另一种方法是:通过移动光标指定方向,然后直接输入距离。此方法称为直接距离输入。可以用科学、小数、工程、建筑或分数格式输入坐标。可以使用百分度、弧度、勘测单位或度/分/秒输入角度。UNITS 命令控制了单位的格式。

　　AutoCAD 图形的位置是由坐标系来确定的，AutoCAD 环境下使用两个坐标系，即世界坐标系、用户坐标系。

　　一般地，AutoCAD 以屏幕的左下角为坐标原点 O（0，0，0），X 轴为水平轴，向右为正；Y 轴为垂直轴，向上为正；Z 轴则根据右手规则确定，垂直于 XOY 平面，指向使用者，如图 2.54（a）所示。这样的坐标系称为世界坐标系（World Coordinate System），简称 WCS，有时又称通用坐标系，世界坐标系是固定不变的。AutoCAD 允许根据绘图时的不同需要，建立自己专用的坐标系，即用户坐标系（User Coordinate System），简称 UCS，用户坐标系主要在三维绘图时使用。如果图标显示在当前 UCS 的原点处，则图标中有一个加号（＋）。如果图标显示在视口的左下角，则图标中没有加号。常见 AutoCAD 的 UCS 图标如图 2.54（b）所示。

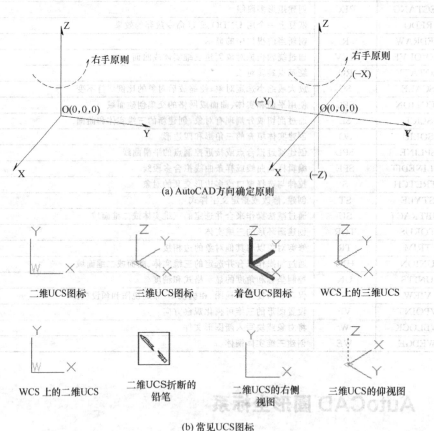

(a) AutoCAD方向确定原则

二维UCS图标　　三维UCS图标　　着色UCS图标　　WCS 上的三维UCS

WCS 上的二维UCS　　二维UCS折断的铅笔　　二维UCS的右侧视图　　三维UCS的仰视图

(b) 常见UCS图标

图 2.54　AutoCAD 坐标

2.5.1　AutoCAD 坐标系设置

　　（1）坐标系的形式　AutoCAD 在屏幕上最常见的坐标系表示形式，如图 2.55 所示。在 AutoCAD 环境下进行图形绘制时，可以采用绝对直角坐标、相对直角坐标、相对极坐标、球坐标或柱坐标等方法确定点的位置，后两种坐标在三维坐标系中使用，在此不详细讲述。

　　可以使 AutoCAD 显示或隐藏其坐标系图标。坐标显示的设置可由如下两种方法实现：

　　■ 在"命令："下输入 UCSICON 命令，即：

　　命令：UCSICON（控制坐标系图标显示）

　　输入选项［开（ON）/关（OFF）/全部（A）/非原点（N）/原点（OR）/特性（P）］＜

开＞：（输入 ON 或 OFF 控制显示）

　　■ 打开【视图】下拉菜单，选择【显示】命令。接着选择【UCS 图标】命令，最后选择【开】命令在开/关进行切换。

　　（2）坐标显示　在屏幕的左下角状态栏中，AutoCAD 提供了一组用逗号隔开的数字，从左至右分别代表 X 轴、Y 轴和 Z 轴的坐标值。如图 2.56 所示。当移动鼠标时，坐标值将随着变化，状态栏中所显示的坐标值是光标的当前位置。在二维坐标系下，随着光标的移动，（X，Y）数值不断发生变化，而 Z 值保持一定的稳定性。

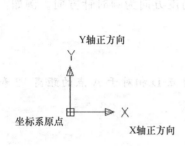

图 2.55　常见坐标系形式

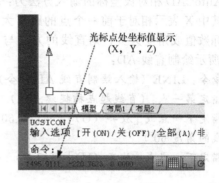

图 2.56　坐标值（X，Y，Z）

2.5.2　绝对直角坐标

　　AutoCAD 通过直接输入坐标值（X，Y，Z）在屏幕上确定唯一的点位置，该坐标（X，Y，Z）是相对于坐标系原点（0，0，0）的，称为绝对直角坐标。在二维平面条件下，只需考虑 X、Y 的坐标值即可，Z 的值恒为 0，即（X，Y）。

　　AutoCAD 绝对直角坐标的输入方法为：在命令提示后通过键盘直接以"X，Y"形式输入，例如图 2.57 所示的直线 AB。若坐标数值为负，则直线的方向与正值相反。

　　命令：LINE（输入绘制直线 AB 命令）

　　指定第一点：6，8（输入直线起点 A 的坐标值）

　　指定下一点或［放弃（U）］：12，28（输入直线终点 B 的坐标值）

　　指定下一点或［放弃（U）］：（回车结束）

2.5.3　相对直角坐标

　　除了绝对直角坐标，AutoCAD 还可以利用"@X、Y、Z"方法精确地设定点的位置。"@X、Y、Z"表示相对于上一个点分别在 X、Y、Z 方向的距离。这样的坐标称为相对直角坐标。在二维平面环境（XOY 平面）下绘制图形对象，可以不考虑 Z 坐标，AutoCAD 将 Z 坐标保持为 0 不变，也即以"@X，Y"形式来表示。

　　AutoCAD 相对直角坐标的输入方法为：在命令提示后通过键盘直接以"@X，Y"形式输入。直线 AC 可以按相同方法（@0，13）绘制得到。若坐标数值为负，则直线的方向与正值相反。例如，以前述 B 为起点，绘制 C 点，如图 2.58 所示：

　　命令：LINE（输入绘制直线 BC 命令）

　　指定第一点：（直线起点捕捉端点 B）

指定下一点或［放弃（U）］：@10，－8（输入直线终点 C 相对于 B 点的坐标值）

指定下一点或［放弃（U）］：（回车）

2.5.4 相对极坐标

相对极坐标是指相对于某一个固定位置点的距离和角度而确定新的位置所使用的坐标。在 AutoCAD 中默认的角度方向为逆时针方向，用极坐标进行点的定位总是相对于前一个点，而不是原点。

AutoCAD 相对极坐标的输入方法为：在命令提示后通过键盘直接以"@X<Y"形式输入，其中 X 表示相对于前一个点的距离大小，Y 表示与坐标系水平 X 轴直线的角度大小。若坐标数值或角度为负，则直线的方向与正值相反，角度方向为顺时针方向。例如，如图 2.59 所示绘制直线 AD：

命令：LINE（输入绘制直线 AD 命令）

指定第一点：（直线起点捕捉端点 A）

指定下一点或［放弃（U）］：@12<60（输入直线终点 D 相对于 A 点的距离 12 和与水平轴线的角度 60°）

指定下一点或［放弃（U）］：（回车）

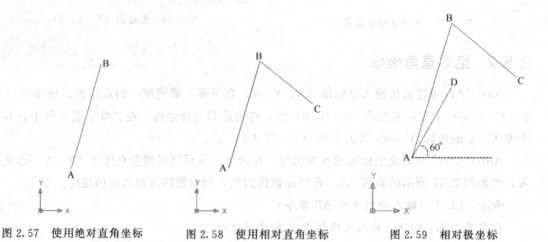

图 2.57 使用绝对直角坐标　　图 2.58 使用相对直角坐标　　图 2.59 相对极坐标

2.6　图层常用操作

为便于对图形中不同元素对象进行控制，AutoCAD 提供了图层（Layer）功能，即不同的透明存储层，可以存储图形中不同元素对象。每个图层都有一些相关联的属性，包括图层名、颜色、线型、线宽和打印样式等。图层是绘制图形时最为有效的图形对象管理手段和方式，极大方便了图形的操作。此外，图层的建立、编辑和修改也简洁明了，操作极为便利。

2.6.1 建立新图层

通过如下几种方式建立 AutoCAD 新图层。

■ 在"命令："命令行提示下输入 LAYER 命令。

■ 打开【格式】下拉菜单，选择【图层】命令。

■ 单击图层工具栏上的图层特性管理器图标。

执行上述操作后，系统将弹出"图层特性管理器"对话框。单击其中的"新建图层"按钮，在当前图层选项区域下将以"图层 1，图层 2，…"的名称建立相应的图层，即为新的图层，该图层的各项参数采用系统默认值。然后单击"图层特性管理器"对话框右上角按钮关闭或自动隐藏。每一个图形都有 1 个 0 层，其名称不可更改，且不能删除该图层。其他所建立的图层各项参数是可以修改的，包括名称、颜色等属性参数。如图 2.60 所示。

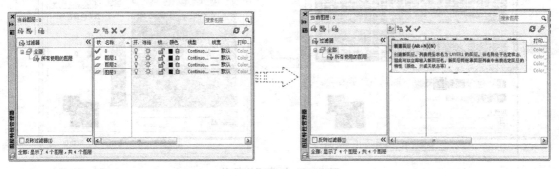

图 2.60　建立新的图层

2.6.2　图层相关参数的修改

可以对 AutoCAD 图层如下的属性参数进行编辑与修改：

（1）图层名称　图层的取名原则应简单易记，与图层中的图形对象紧密关联。图层名称的修改很简单，按前述方法打开"图层特性管理器"对话框，单击要修改图层名称后按箭头键"→"，该图层的名称出现一个矩形框，变为可修改，可以进行修改。也可以单击右键，在弹出的菜单中选择"重命名图层"即可修改。如图 2.61 所示。AutoCAD 系统对图层名称有一定的限制条件，不能采用"<、\ 、?、=、*、:"等符号作为图层名，其长度约 255 个字符。

（2）设置为当前图层　当前图层是指正在进行图形绘制的图层，即当前工作层，所绘制的图线将存放在当前图层中。因此，要绘制某类图形对象元素时，最好先将该类图形对象元素所在的图层设置为当前图层。

按前述方法打开"图层特性管理器"对话框，单击要设置为当前图层的图层，再单击"置为当前"按钮，该图层即为当前工作图层。如图 2.61 所示。

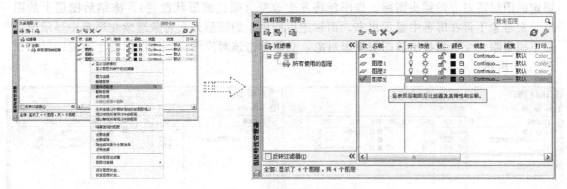

图 2.61　修改图层名称

（3）图层颜色　AutoCAD 系统默认图层的颜色为白色或黑色。也可以根据绘图的需要修改图层的颜色。先按前面所述的方法启动"图层特性管理器"对话框，然后单击颜色栏下、要改变颜色的图层所对应的图标。系统将弹出"选择颜色"对话框，在该对话框中用光标拾取颜色，最后单击"确定"按钮。该图层上的图形元素对象颜色即以此作为其色彩。如图 2.62 所示。

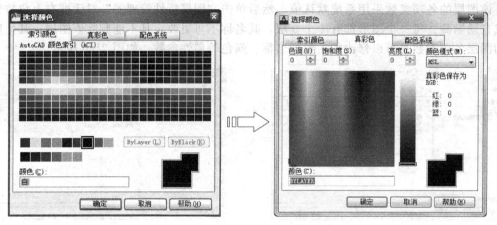

图 2.62　修改图层颜色

(4) 删除图层和隐藏图层　先按前面所述的方法启动"图层特性管理器"对话框，然后在弹出的"图层特性管理器"对话框中，单击要删除的图层，再单击"删除"按钮，最后单击按钮确定。该图层即被删除。只有图层为空图层时，即图层中无任何图形对象元素时，才能对其进行删除操作。此外"0"、"defpoints"图层不能被删除。

隐藏图层操作是指将该图层上的所有图形对象元素隐藏起来，不在屏幕中显示出来，但图形对象元素仍然保存在图形文件中。

要隐藏图层，先按前面所述的方法启动"图层特性管理器"对话框，然后单击"开"栏下、要隐藏的图层所对应的电灯泡图标，该图标将填充满颜色即是关闭隐藏。该图层上的图形元素对象不再在屏幕中显示出来。要重新显示该图层图形对象，只需单击该对应图标，使其变空即可。如图 2.63 所示。

(5) 冻结与锁定图层　冻结图层是指将该图层设置为既不在屏幕上显示，也不能对其进行删除等编辑操作的状态。锁定图层与冻结图层不同之处在于该锁定后的图层仍然在屏幕上显示。注意当前图层不能进行冻结操作。

其操作与隐藏图层相似。先按前面所述的方法启动，然后单击冻结/锁定栏下、要冻结/锁定的图层所对应的锁头图标，该图标将发生改变（颜色或形状改变）。冻结后图层上的图形元素对象不再在屏幕中显示出来，而锁定后图层上的图形元素对象继续在屏幕中显示出来但不能删除。要重新显示该图层图形对象，只需单击该对应图标，使图标发生改变即可。如图 2.64 所示。

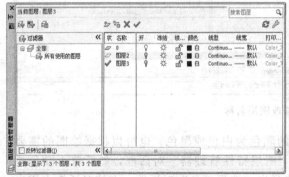

图 2.63　隐藏图层

图 2.64　冻结与锁定图层

2.7　CAD 图形常用选择方法

在进行绘图时，需要经常选择图形对象进行操作。AutoCAD 提供了多种图形选择方法，其中最为常用的方式如下所述。

2.7.1　使用拾取框光标

矩形拾取框光标放在要选择对象的位置时，将亮显对象，单击鼠标左键即可选择图形对象。按住 Shift 键并再次选择对象，可以将其从当前选择集中删除。如图 2.65 所示。

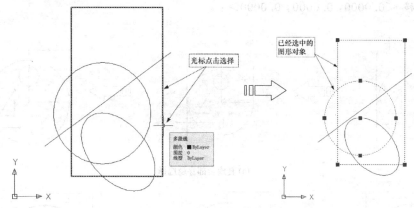

图 2.65　使用光标选择图形

2.7.2　使用矩形窗口选择图形

矩形窗口选择图形是指从第一点向对角点拖动光标的方向将确定选择的对象。使用"窗口选择"选择对象时，通常整个对象都要包含在矩形选择区域中才能选中。

（1）窗口选择。从左向右拖动光标，以仅选择完全位于矩形区域中的对象（自左向右方向，即从第 1 点至第 2 点方向进行选择）。如图 2.66 所示。

（2）窗交选择。从左向右拖动光标，以选择矩形窗口包围的或相交的对象（自右向左方向，即从第 1 点至第 2 点方向进行选择）。如图 2.67 所示。

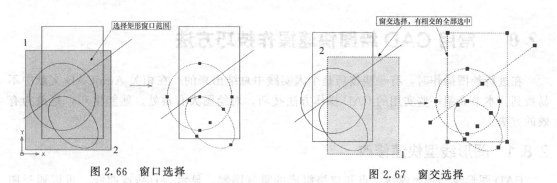

图 2.66　窗口选择　　　　　　　　　　图 2.67　窗交选择

2.7.3　任意形状窗口选择图形

在 AutoCAD 2015/2016 以上版本中，增加了图形选择的新功能，即可以任意形状的图形进行图形选择功能。操作方法如下，如图 2.68 所示：

① 执行相关功能命令后，在提示"选择对象"时，按住鼠标左键不放，同时移动光标即可进行选择。

② 对象选择完成后松开鼠标，穿越的图形被选中，同时图形显示颜色改变。

③ 移动光标的方向为顺时针或逆时针均可。只要窗口形状线（即"套索"）全部或部分穿越的图形，均被选中。

命令：MOVE

窗口（W）套索　按空格键可循环浏览选项找到 10 个

选择对象：

指定基点或［位移（D）]＜位移＞：

指定位移 ＜0.0000，0.0000，0.0000＞：

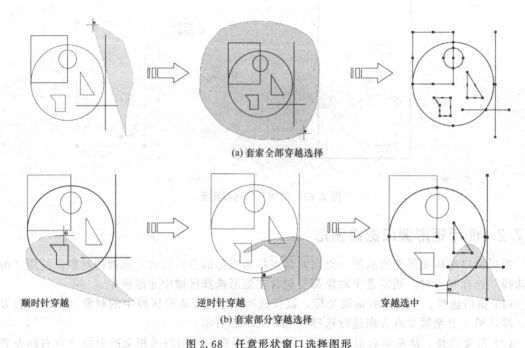

(a) 套索全部穿越选择

顺时针穿越　　　　　逆时针穿越　　　　穿越选中

(b) 套索部分穿越选择

图 2.68　任意形状窗口选择图形

2.8　常用 CAD 绘图快速操作技巧方法

在进行绘图操作时，有一些技巧是个人实践中总结出来的，在相关 AutoCAD 文献中不易找到。本节介绍一些实用的 CAD 操作方法技巧，对绘图大有益处。熟能生巧，是最为有效的方法。

2.8.1　图形线型快速修改

CAD 图形线型是由虚线、点和空格组成的重复图案，显示为直线或曲线。可以通过图层将线型指定给对象，也可以不依赖图层而明确指定线型。在工程开始时加载工程所需的线型，以便在需要时使用。

（1）加载线型　加载线型的步骤如下。

a. 依次单击"常用"选项卡➤"特性"面板➤"线型"。

b. 在"线型"下拉列表中，单击"其他"。然后，在"线型管理器"对话框中，单击"加载"。

c. 在"加载或重载线型"对话框中，选择一种线型。单击"确定"。

如果未列出所需线型，请单击"文件"。在"选择线型文件"对话框中，选择一个要列出其线型的 LIN 文件，然后单击该文件。此对话框将显示存储在选定的 LIN 文件中的线型定义。选择一种线型。单击"确定"。

可以按住 Ctrl 键来选择多个线型，或者按住 Shift 键选择一个范围内的线型。

d. 单击"确定"。如图 2.69 所示。

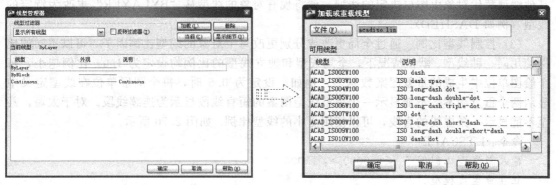

图 2.69 加载线型

（2）设定和更改当前线型 所有对象都是使用当前线型（显示在"特性"工具栏上的"线型"控件中）创建的。也可以使用"线型"控件设定当前的线型。如果将当前线型设定为"BYLAYER"，则将使用指定给当前图层的线型来创建对象。如果将当前线型设定为"BYBLOCK"，则将对象编组到块中之前，将使用"CONTINUOUS"线型来创建对象。将块插入到图形中时，此类对象将采用当前线型设置。如果不希望当前线型成为指定给当前图层的线型，则可以明确指定其他线型。CAD 软件中某些对象（文字、点、视口、图案填充和块）不显示线型。

为全部新图形对象设定线型的步骤如下。

a. 依次单击"常用"选项卡➤"特性"面板➤"线型"。

b. 在"线型"下拉列表中，单击"其他"。然后，在"线型管理器"对话框中，单击"加载"。

可以按住 Ctrl 键来选择多个线型，或者按住 Shift 键选择一个范围内的线型。

c. 在"线型管理器"对话框中，执行以下操作之一：

选择一个线型并选择"当前"，以该线型绘制所有的新对象；

选择"BYLAYER"以便用指定给当前图层的线型来绘制新对象；

选择"BYBLOCK"以便用当前线型来绘制新对象，直到将这些对象编组为块。将块插入到图形中时，块中的对象将采用当前线型设置。

d. 单击"确定"。

更改指定给图层线型的步骤如下。

a. 依次单击"常用"选项卡➤"图层"面板➤"图层特性"。

b. 在图层特性管理器中，选择要更改的线型名称。

c. 在"选择线型"对话框中，选择所需的线型，单击"确定"。

d. 再次单击"确定"。

更改图形对象的线型方法，选择要更改其线型的对象。依次单击"常用"选项卡➤"选项板"面板➤"特性"。在特性选项板上，单击"线型"控件。选择要指定给对象的线型，可以通过以下三种方案更改对象的线型。

a. 将对象重新指定给具有不同线型的其他图层。如果将对象的线型设定为"BYLAYER"，并将该对象重新指定给其他图层，则该对象将采用新图层的线型。

b. 更改指定给该对象所在图层的线型。如果将对象的线型设定为"BYLAYER"，则该对象将采用其所在图层的线型。如果更改了指定给图层的线型，则该图层上指定了"BYLAYER"线型的所有对象都将自动更新。

c. 为对象指定一种线型以替代图层的线型。可以明确指定每个对象的线型。如果要用其他线型替代对象由图层决定的线型，请将现有对象的线型从"BYLAYER"更改为特定的线型（例如 DASHED）。

（3）控制线型比例　通过全局更改或分别更改每个对象的线型比例因子，可以不同的比例使用同一种线型。默认情况下，全局线型和独立线型的比例均设定为 1.0。比例越小，每个绘图单位中生成的重复图案数越多。例如，设定为 0.5 时，每个图形单位在线型定义中显示两个重复图案。不能显示一个完整线型图案的短直线段显示为连续线段。对于太短，甚至不能显示一条虚线的直线，可以使用更小的线型比例。如图 2.70 所示。

命令：LTSCALE

输入新线型比例因子 <1.0000>：1.000

正在重生成模型。

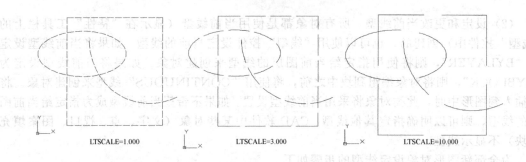

LTSCALE=1.000　　　　　LTSCALE=3.000　　　　　LTSCALE=10.000

图 2.70　不同全局比例因子显示效果

"全局比例因子"的值控制 LTSCALE 系统变量，该系统变量可以全局更改新建对象和现有对象的线型比例。"当前对象缩放比例"的值控制 CELTSCALE 系统变量，该系统变量可以设定新建对象的线型比例。将用 LTSCALE 的值与 CELTSCALE 的值相乘可以获得显示的线型比例。可以轻松地分别更改或全局更改图形中的线型比例。在布局中，可以通过 PSLTSCALE 调节各个视口中的线型比例。

2.8.2　快速准确定位复制方法

要将图形准确复制到指定位置，可以使用"带基点复制"的功能方法，即是将选定的对象与指定的基点一起复制到剪贴板，然后将图形准确粘贴到指定位置。操作方法如下，如图 2.71 所示。

①　菜单方法：打开下拉菜单编辑（E）➤带基点复制（B）。

②　快捷菜单方法：终止所有活动命令，在绘图区域中单击鼠标右键，然后从剪贴板中选择"带基点复制"。

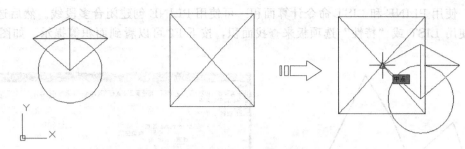

图 2.71　将图形准确复制到指定位置

2.8.3　图形面积和长度快速计算方法

（1）使用 AREA 功能命令　计算对象或所定义区域的面积和周长，可以使用 AREA 命令。操作步骤是：工具（T）下拉菜单▶查询（Q）▶面积（A）。如图 2-72 所示。

命令：AREA

指定第一个角点或［对象（O）/增加面积（A）/减少面积（S）］＜对象（O）＞：

选择对象：

区域 ＝ 15860.5147，周长 ＝ 570.0757

其中：

a.“对象（O）”选项：可以计算选定对象的面积和周长。可以计算圆、椭圆、样条曲线、多段线、多边形、面域和三维实体的面积。如果选择开放的多段线，将假设从最后一点到第一点绘制了一条直线，然后计算所围区域中的面积。计算周长时，将忽略该直线的长度；计算面积和周长时将使用宽多段线的中心线。

b.“增加面积（A）”选项：打开“加”模式后，继续定义新区域时应保持总面积平衡。可以使用“增加面积”选项计算各个定义区域和对象的面积，周长，以及所有定义区域和对象的总面积，也可以进行选择以指定点。将显示第一个指定的点与光标之间的橡皮线。要加上的面积以绿色亮显，如图 2.72（a）所示。按 Enter 键，AREA 将计算面积和周长，并返回打开“加”模式后通过选择点或对象定义的所有区域的总面积。如果不闭合这个多边形，将假设从最后一点到第一点绘制了一条直线，然后计算所围区域中的面积。计算周长时，该直线的长度也会计算在内。

c.“减少面积（S）”选项：与“增加面积”选项类似，但减少面积和周长。可以使用“减少面积”选项从总面积中减去指定面积。也可以通过点指定要减去的区域。将显示第一个指定的点与光标之间的橡皮线。指定要减去的面积以红色亮显，如图 2.72（b）所示。

计算由指定点所定义的面积和周长。所有点必须都在与当前用户坐标系（UCS）的 XY平面平行的平面上，将显示第一个指定的点与光标之间的橡皮线。指定第二个点后，将显示具有绿色填充的直线段和多段线。继续指定点以定义多边形，然后按 Enter 键完成周长定义。如果不闭合这个多边形，将假设从最后一点到第一点绘制了一条直线，然后计算所围区域中的面积。计算周长时，该直线的长度也会计算在内。

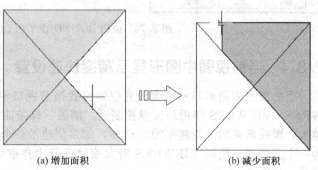

(a) 增加面积　　　　(b) 减少面积

图 2.72　面积计算

(2) 使用 PLINE 和 LIST 命令计算面积　可使用 PLINE 创建闭合多段线。然后选择闭合图形使用 LIST 或"特性"选项板来查找面积,按下 F2 可以看到面积等提示。如图 2.73 所示。

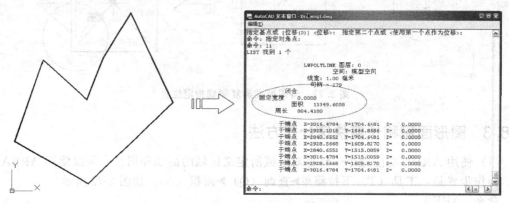

图 2.73　使用 PLINE 和 LIST 计算面积

(3) 使用 BOUNDARY 和 LIST 命令计算面积　使用 BOUNDARY 从封闭区域创建面域或多段线,然后使用 LIST 计算面积的方法,按下 F2 可以看到面积等提示。如图 2.74 所示。

命令:BOUNDARY

　拾取内部点:正在选择所有对象 …

　正在选择所有可见对象 …

　正在分析所选数据 …

　正在分析内部孤岛 …

　拾取内部点:

BOUNDARY 已创建 1 个多段线

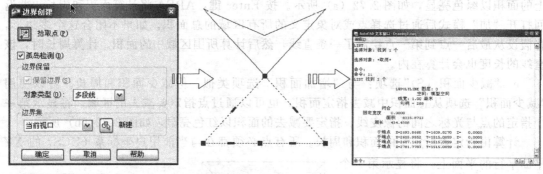

图 2.74　使用 BOUNDARY 和 LIST 计算面积

2.8.4　当前视图中图形显示精度快速设置

当前视图中图形显示精度设置也即设置当前视口中对象的分辨率,其功能命令是 VIEWRES。VIEWRES 使用短矢量控制圆、圆弧、样条曲线和圆弧式多段线的外观。矢量数目越大,圆或圆弧的外观越平滑。例如,如果创建了一个很小的圆然后将其放大,它可能显示为一个多边形。使用 VIEWRES 增大缩放百分比并重生成图形,可以更新圆的外观并使其平滑。如图 2.75 所示。

VIEWRES 设置保存在图形中。要更改新图形的默认值,请指定新图形所基于的样板文件中的 VIEWRES 设置。如果命名（图纸空间）布局首次成为当前设置而且布局中创建了默认视口，此初始视口的显示分辨率将与"模型"选项卡视口的显示分辨率相同。

　　命令：VIEWRES

　　是否需要快速缩放？［是（Y）/否（N）］＜Y＞：Y

　　输入圆的缩放百分比（1-20000）＜100＞：20000（注意：最小为 1，最大 2 为 20000）

　　正在重生成模型。

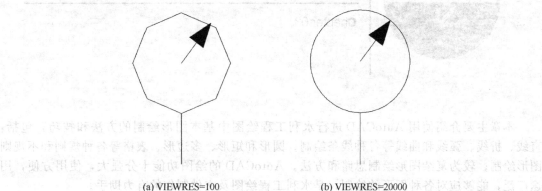

(a) VIEWRES=100　　　　　　　　(b) VIEWRES=20000

图 2.75　不同图形显示精度效果

第3章 | 水利工程CAD基本图形绘制方法

Chapter 03

本章主要介绍使用 AutoCAD 进行水利工程绘图中基本图形绘制的方法和技巧，包括：直线、折线、弧线和曲线等各种线条绘制；圆形和矩形、多边形、表格等各种规则和不规则图形绘制；较为复杂图形绘制思路和方法。AutoCAD 的绘图功能十分强大，使用方便，用途广泛，能够应对各种图形的绘制，是水利工程绘图及文件制作的有力助手。

需要说明一点，CAD 绘图时，在"命令："行输入相关命令后，按 Enter 键即可执行该命令进行操作，命令不区分字母大小写，大小写均相同。例如：

命令：LINE（输入 LINE 或 line 后按"Enter"键即可）

3.1　常见水利工程线条 CAD 快速绘制

AutoCAD 中的点、线（包括直线、曲线）等是最基本的图形元素。其中线的绘制包括直线与多段线、射线与构造线、弧线与椭圆弧线、样条曲线与多线等各种形式的线条。

3.1.1　点的绘制

在点、线、面三种类型图形对象中，点无疑是 AutoCAD 中最基本的组成元素。点可以作为捕捉对象的节点。点的 AutoCAD 功能命令为 POINT（简写形式为 PO）。其绘制方法是在提示输入点的位置时，直接输入点的坐标或者使用鼠标选择点的位置即可。

启动 POINT 命令可以通过以下 3 种方式。

■ 打开【绘图】下拉菜单选择命令【点】选项中的【单点】或【多点】命令。

■ 单击【绘图】工具栏上的【点】命令图标。

■ 在"命令："命令行提示下直接输入 POINT 或 PO 命令（不能使用"点"作为命令输入）。

打开【格式】下拉菜单选择【点样式】命令选项，就可以选择点的图案形式和图标的大小。如图 3.1 所示。点的形状和大小也可以由系统变量 PDMODE 和 PDSIZE 控制，其中变量 PDMODE 用于设置点的显示图案形式（如果 PDMODE 的值为 1，则指定不显示任何图形），变量 PDSIZE 则用来控制图标的大小（如果 PDSIZE 设置为 0，将按绘图区域高度的 5％生成点对象）。正的 PDSIZE 值指定点图形的绝对尺寸。负值将解释为视口尺寸的百分比。修改 PDMODE 和 PDSIZE 之后，AutoCAD 下次重生成图形时改变现有点的外观。重生成图形时将重新计算所有点的尺寸。进行点绘制操作如下。

命令：POINT（输入画点命令）

当前点模式：PDMODE＝99　PDSIZE＝25.0000（系统变量的 PDMODE、PDSIZE 设置数值）

指定点：（使用鼠标在屏幕上直接指定点的位置，或直接输入点的坐标 x，y，z 数值）

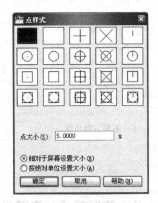

图 3.1　设置点样式

图 3.2　利用点标记等分线段

点的功能一般不单独使用，常常在进行线段等分时作为等分标记使用。最好先选择点的样式，要显示其位置最好不使用"."的样式，因为该样式不易看到。操作如下，如图 3.2 所示。

命令：DIVIDE（打开【绘图】下拉菜单选择【点】命令选项，再选择"定数等分或定距等分"）

选择要定数等分的对象：

输入线段数目或［块（B）］：6

3.1.2　直线与多段线绘制

3.1.2.1　绘制直线

直线的 AutoCAD 功能命令为 LINE（简写形式为 L），绘制直线可通过直接输入端点坐标（X，Y）或直接在屏幕上使用鼠标点取。可以绘制一系列连续的直线段，但每条直线段都是一个独立的对象，按"ENTER（即回车，后面论述同此）"键结束命令。

启动 LINE 命令可以通过以下 3 种方式。

■ 打开【绘图】下拉菜单选择【直线】命令选项。

■ 单击【绘图】工具栏上的【直线】命令图标。

■ 在"命令："命令行提示下直接输入 LINE 或 L 命令（不能使用"直线"作为命令输入）。

要绘制斜线、水平和垂直的直线，可以结合使用【F8】按键。反复按下【F8】键即可在斜线与水平或垂直方向之间切换。以在"命令："行直接输入 LINE 或 L 命令为例，说明直线的绘制方法，如图 3.3 所示。

特别说明，在绘制图形时，图形的端点定位一般采用在屏幕上捕捉直接点取其位置，或输入相对坐标数值进行定位，通常不使用直接输入其坐标数值（X，Y）或（X，Y，Z），因为使用坐标数值比较烦琐。后面讲述同此。

命令：LINE（输入绘制直线命令）

指定第一点：175，128（指定直线起点 A 或输入端点坐标）

指定下一点或［放弃（U）］：545，442（按下【F8】后指定直线终点 B 或输入端点坐标 545，442）

指定下一点或［放弃（U）］：（回车）

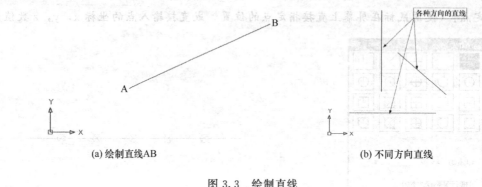

(a) 绘制直线AB　　　　　　　　　　(b) 不同方向直线

图 3.3　绘制直线

3.1.2.2　绘制多段线

多段线的 AutoCAD 功能命令为 PLINE（PLINE 为 Polyline 简写形式，简写形式为 PL），绘制多段线同样可通过直接输入端点坐标（X，Y）或直接在屏幕上使用鼠标点取。对于多段线，可以指定线型图案在整条多段线中是位于每条线段的中央，还是连续跨越顶点，如图 3.4 所示。可以通过设置 PLINEGEN 系统变量来执行此设置。

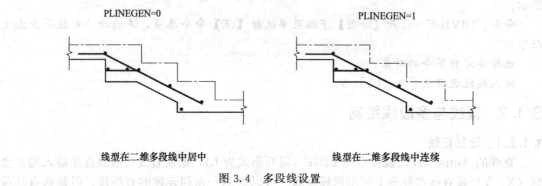

线型在二维多段线中居中　　　　　　　　线型在二维多段线中连续

图 3.4　多段线设置

启动 PLINE 命令可以通过以下 3 种方式。

■ 打开【绘图】下拉菜单选择【多段线】命令选项。

■ 单击【绘图】工具栏上的【多段线】命令图标。

■ 在"命令："命令行提示下直接输入 PLINE 或 PL 命令（不能使用"多段线"作为命令输入）。

绘制时要在斜线、水平和垂直之间进行切换，可以使用【F8】按键。以在"命令："行直接输入 PLINE 或 PL 命令为例，说明多段线的绘制方法。

（1）使用 PLINE 绘制由直线构成的多段线，如图 3.5 (a) 所示。

命令：PLINE（绘制由直线构成的多段线）

指定起点：13，151（确定起点 A 位置）

当前线宽为 0.0000

指定下一个点或［圆弧（A）/半宽（H）/长度（L）/放弃（U）/宽度（W）］：13，83 （依次输入多段线端点 B 的坐标或直接在屏幕上使用鼠标点取）

指定下一点或［圆弧（A）/闭合（C）/半宽（H）/长度（L）/放弃（U）/宽度（W）］：40，83（下一点 C）

指定下一点或［圆弧（A）/闭合（C）/半宽（H）/长度（L）/放弃（U）/宽度（W）］：

66，133（下一点 D）

指定下一点或 ［圆弧（A）/闭合（C）/半宽（H）/长度（L）/放弃（U）/宽度（W）］：
82，64（下一点 E）

　……

指定下一点或 ［圆弧（A）/闭合（C）/半宽（H）/长度（L）/放弃（U）/宽度（W）］：
（回车结束操作）

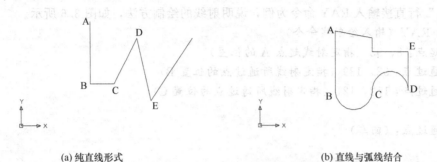

(a) 纯直线形式　　　　　　　　　　　　　(b) 直线与弧线结合

图 3.5　绘制多段线

（2）使用 PLINE 绘制由直线与弧线构成的多段线，如图 3.5（b）所示。

命令：PLINE（绘制由直线与弧线构成的多段线）

指定起点：7，143（确定起点 A 位置）

当前线宽为 0.0000

指定下一个点或 ［圆弧（A）/半宽（H）/长度（L）/放弃（U）/宽度（W）］：7，91（输入多段线端点 B 的坐标或直接在屏幕上使用鼠标点取）

指定下一点或 ［圆弧（A）/闭合（C）/半宽（H）/长度（L）/放弃（U）/宽度（W）］：A（输入 A 绘制圆弧段造型）

指定圆弧的端点或 ［角度（A）/圆心（CE）/闭合（CL）/方向（D）/半宽（H）/直线（L）/半径（R）/第二个点（S）/放弃（U）/宽度（W）］：41，91（指定圆弧的第 1 个端点 C）

指定圆弧的端点或 ［角度（A）/圆心（CE）/闭合（CL）/方向（D）/半宽（H）/直线（L）/半径（R）/第二个点（S）/放弃（U）/宽度（W）］：73，91（指定圆弧的第 2 个端点 D）

指定圆弧的端点或 ［角度（A）/圆心（CE）/闭合（CL）/方向（D）/半宽（H）/直线（L）/半径（R）/第二个点（S）/放弃（U）/宽度（W）］：L（输入 L 切换回绘制直线段造型）

指定下一点或 ［圆弧（A）/闭合（C）/半宽（H）/长度（L）/放弃（U）/宽度（W）］：
73，125（下一点 E）

指定下一点或 ［圆弧（A）/闭合（C）/半宽（H）/长度（L）/放弃（U）/宽度（W）］：
（下一点）

　……

指定下一点或 ［圆弧（A）/闭合（C）/半宽（H）/长度（L）/放弃（U）/宽度（W）］：C
（闭合多段线）

3.1.3　射线与构造线绘制

3.1.3.1　绘制射线

射线指沿着一个方向无限延伸的直线，主要用来定位的辅助绘图线。射线具有一个确定的起点并单向无限延伸。其 AutoCAD 功能命令为 RAY，直接在屏幕上使用鼠标点取。

启动 RAY 命令可以通过以下 2 种方式。

■ 打开【绘图】下拉菜单选择【射线】命令选项。

■ 在"命令："命令行提示下直接输入 RAY 命令（不能使用"射线"作为命令输入）。

AutoCAD 绘制一条射线并继续提示输入通过点以便创建多条射线。起点和通过点定义了射线延伸的方向，射线在此方向上延伸到显示区域的边界。按 ENTER 键结束命令。以在"命令："行直接输入 RAY 命令为例，说明射线的绘制方法，如图 3.6 所示。

命令：RAY（输入绘射线命令）

指定起点：8，95（指定射线起点 A 的位置）

指定通过点：62，139（指定射线所通过点的位置 B）

指定通过点：112，121（指定射线所通过点的位置 C）

……

指定通过点：（回车）

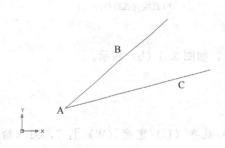

图 3.6 绘制射线

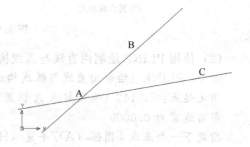

图 3.7 绘制构造线

3.1.3.2 绘制构造线

构造线指两端方向是无限长的直线，主要用来定位的辅助绘图线，即用来定位对齐边角点的辅助绘图线。其 AutoCAD 功能命令为 XLINE（简写形式为 XL），可直接在屏幕上使用鼠标点取。

启动 XLINE 命令可以通过以下 3 种方式。

■ 打开【绘图】下拉菜单选择【构造线】命令选项。

■ 单击【绘图】工具栏上的【构造线】命令图标。

■ 在"命令："命令行提示下直接输入 XLINE 或 XL 命令（不能使用"构造线"作为命令输入）。

使用两个通过点指定构造线（无限长线）的位置。以在"命令："行直接输入 XLINE 命令为例，说明构造线的绘制方法，如图 3.7 所示。

命令：XLINE（绘制构造线）

指定点或［水平（H）/垂直（V）/角度（A）/二等分（B）/偏移（O）］：8，95（指定构造直线起点 A 位置）

指定通过点：62，139（指定构造直线通过点位置 B）

指定通过点：112，121（指定下一条构造直线通过点位置 C）

指定通过点：（指定下一条构造直线通过点位置）

……

指定通过点：

指定通过点：（回车）

3.1.4 圆弧线与椭圆弧线绘制

3.1.4.1 绘制圆弧线

圆弧线可以通过输入端点坐标进行绘制，也可以直接在屏幕上使用鼠标点取。其 Auto-CAD 功能命令为 ARC（简写形式为 A）。在进行绘制时，如果未指定点就按 ENTER 键，AutoCAD 将把最后绘制的直线或圆弧的端点作为起点，并立即提示指定新圆弧的端点。这将创建一条与最后绘制的直线、圆弧或多段线相切的圆弧。

启动 ARC 命令可以通过以下 3 种方式。

■ 打开【绘图】下拉菜单选择【圆弧】命令选项。

■ 单击【绘图】工具栏上的【圆弧】命令图标。

■ 在"命令:"命令行提示下直接输入 ARC 或 A 命令（不能使用"圆弧"作为命令输入）。

以在"命令:"行直接输入 ARC 命令为例，说明弧线的绘制方法，如图 3.8 所示。

命令: ARC（绘制弧线）

指定圆弧的起点或 [圆心 (C)]: 20, 102（指定起始点位置 A）

指定圆弧的第二个点或 [圆心 (C)/端点 (E)]: 61, 139（指定中间点位置 B）

指定圆弧的端点: 113, 122（指定起终点位置 C）

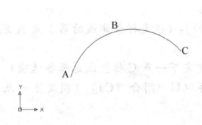

图 3.8 绘制弧线

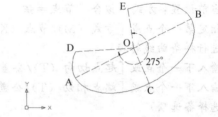

图 3.9 绘制椭圆曲线

3.1.4.2 绘制椭圆弧线

椭圆弧线的 AutoCAD 功能命令为 ELLIPSE（简写形式为 EL），与椭圆是一致的，只是在执行 ELLIPSE 命令后再输入 A 进行椭圆弧线绘制。一般根据两个端点定义椭圆弧的第 1 条轴，第 1 条轴的角度确定了整个椭圆的角度。第 1 条轴既可定义椭圆的长轴也可定义短轴。

启动 ELLIPSE 命令可以通过以下 3 种方式。

■ 打开【绘图】下拉菜单选择【椭圆】命令选项，再执子命令选项【圆弧】。

■ 单击【绘图】工具栏上的【椭圆弧】命令图标。

■ 在"命令:"命令行提示下直接输入 ELLIPSE 或 EL 命令后再输入 A（不能使用"椭圆弧"作为命令输入）。

以在"命令:"行直接输入 ELLIPSE 命令为例，说明椭圆弧线的绘制方法，如图 3.9 所示。

命令: ELLIPSE（绘制椭圆曲线）

指定椭圆的轴端点或 [圆弧 (A)/中心点 (C)]: A（输入 A 绘制椭圆曲线）

指定椭圆弧的轴端点或 [中心点 (C)]: （指定椭圆轴线端点 A）

指定轴的另一个端点: （指定另外一个椭圆轴线端点 B）

指定另一条半轴长度或 [旋转 (R)]: （指定与另外一个椭圆轴线距离 OC）

指定起始角度或 [参数 (P)]：(指定起始角度位置 D)

指定终止角度或 [参数 (P)/包含角度 (I)]：(指定终点角度位置 E)

3.1.5　样条曲线与多线绘制

3.1.5.1　绘制样条曲线

样条曲线是一种拟合不同位置点的曲线，其 AutoCAD 功能命令为 SPLINE（简写形式为 SPL）。样条曲线与使用 ARC 命令连续绘制的多段曲线图形不同之处，样条曲线是一体的，且曲线光滑流畅，而使用 ARC 命令连续绘制的多段曲线图形则是由几段组成的。SPLINE 在指定的允差范围内把光滑的曲线拟合成一系列的点。AutoCAD 使用 NURBS（非均匀有理 B 样条曲线）数学方法，其中存储和定义了一类曲线和曲面数据。

启动 SPLINE 命令可以通过以下 3 种方式。

■ 打开【绘图】下拉菜单选择【样条曲线】命令选项。

■ 单击【绘图】工具栏上的【样条曲线】命令图标。

■ 在"命令："命令行提示下直接输入 SPLINE 或 SPL 命令（不能使用"样条曲线"作为命令输入）。

以在"命令："行直接输入 SPLINE 命令为例，说明样条曲线的绘制方法，如图 3.10 所示。

命令：SPLINE（输入绘制样条曲线命令）

当前设置：方式＝拟合　节点＝弦

指定第一个点或 [方式 (M)/节点 (K)/对象 (O)]：(指定样条曲线的第 1 点 A 或选择对象进行样条曲线转换)

输入下一个点或 [起点切向 (T)/公差 (L)]：(指定下一点 C 位置或选择备选项)

输入下一个点或 [端点相切 (T)/公差 (L)/放弃 (U)/闭合 (C)]：(指定下一点 D 位置或选择备选项)

……

输入下一个点或 [端点相切 (T)/公差 (L)/放弃 (U)/闭合 (C)]：(指定下一点 O 位置或选择备选项)

输入下一个点或 [端点相切 (T)/公差 (L)/放弃 (U)/闭合 (C)]：(回车)

指定切向：(回车)

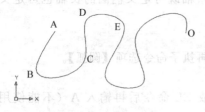

图 3.10　绘制样条曲线

3.1.5.2　绘制多线

多线也称多重平行线，指由两条相互平行的直线构成的线型。其 AutoCAD 绘制命令为 MLINE（简写形式为 ML）。其中的比例因子参数 Scale 是控制多线的全局宽度（这个比例不影响线型比例），该比例基于在多线样式定义中建立的宽度。比例因子为 2 绘制多线时，其宽度是样式定义宽度的两倍。负比例因子将翻转偏移线的次序，即当从左至右绘制多线时，偏移最小的多线绘制在顶部。负比例因子的绝对值也会影响比例。比例因子为 0 将使多线变为单一的直线。

启动 MLINE 命令可以通过以下 3 种方式。

■ 打开【绘图】下拉菜单选择【多线】命令选项。

■ 单击绘图工具栏上的多线命令图标。

■ 在"命令："命令行提示下直接输入 MLINE 或 ML 命令（不能使用"多线"作为命

令输入）。

多线的样式，打开【绘图】下拉菜单，选择命令【多线样式】选项。在弹出的对话框中就可以新建多线形式、修改名称、设置特性和加载新的多行线的样式等，如图 3.11 所示。

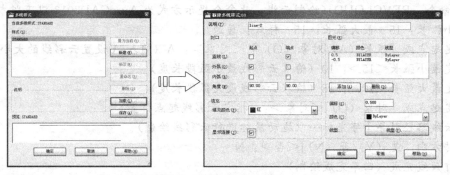

图 3.11　设置多线

以在"命令："行直接输入 MLINE 命令为例，说明多线的绘制方法，如图 3.12 所示。

命令：MLINE（绘制多线）

当前设置：对正 ＝ 上，比例 ＝ 20.00，样式 ＝ STANDARD

指定起点或［对正 (J)/比例 (S)/样式 (ST)］：S（输入 S 设置多线宽度）

输入多线比例 <20.00>：120（输入多线宽度）

当前设置：对正 ＝ 上，比例 ＝ 120.00，样式 ＝ STANDARD

指定起点或［对正 (J)/比例 (S)/样式 (ST)］：（指定多线起点位置）

指定下一点：（指定多线下一点位置）

指定下一点或［放弃 (U)］：（指定多线下一点位置）

指定下一点或［闭合 (C)/放弃 (U)］：（指定多线下一点位置）

指定下一点或［闭合 (C)/放弃 (U)］：（指定多线下一点位置）

指定下一点或［闭合 (C)/放弃 (U)］：（指定多线下一点位置）

……

指定下一点或［闭合 (C)/放弃 (U)］：C（回车）

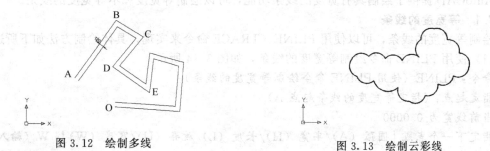

图 3.12　绘制多线　　　　　　　　　　　　　图 3.13　绘制云彩线

3.1.6　云线（云彩线）绘制

云线是指由连续圆弧组成的线条造型。云彩线的 AutoCAD 命令是 REVCLOUD，REVCLOUD 在系统注册表中存储上一次使用的圆弧长度，当程序和使用不同比例因子的图形一起使用时，用 DIMSCALE 乘以此值以保持统一。

启动命令可以通过以下 3 种方式。

■ 打开【绘图】下拉菜单选择【修订云线】命令选项。

■ 单击【绘图】工具栏上的【修订云线】命令图标。

■ 在"命令:"行直接输入 REVCLOUD 命令。

其绘制方法如下所述,如图 3.13 所示。

■ 命令:REVCLOUD(绘制云线,此命令提示方式为 AutoCAD2013 以下版本)

最小弧长:15　最大弧长:15　样式:普通

指定起点或 [弧长(A)/对象(O)]<对象>:A(输入 A 设置云彩线的大小)

指定最小弧长<15>:10(输入云彩线最小弧段长度)

指定最大弧长<10>:18(输入云彩线最大弧段长度)

指定起点或 [对象(O)]<对象>:(指定云彩线起点位置)

沿云线路径引导十字光标…(拖动鼠标进行云彩线绘制)

反转方向 [是(Y)/否(N)]<否>:N

修订云线完成(回车完成绘制)

■ 命令:TEVCLOUD(绘制云线,此命令提示方式为 AutoCAD2014 以上版本)

最小弧长:0.5　最大弧长:0.5　样式:普通　类型:矩形

指定第一个角点或 [弧长(A)/对象(O)/矩形(R)/多边形(P)/徒手画(F)/样式(S)/修改(M)]<对象>:_F

最小弧长:0.5　最大弧长:0.5　样式:普通　类型:徒手画

指定第一个点或 [弧长(A)/对象(O)/矩形(R)/多边形(P)/徒手画(F)/样式(S)/修改(M)]<对象>:A

指定最小弧长<0.5>:150

指定最大弧长<150>:450(最大弧长不能超过最小弧长的三倍)

指定第一个点或 [弧长(A)/对象(O)/矩形(R)/多边形(P)/徒手画(F)/样式(S)/修改(M)]<对象>:

沿云线路径引导十字光标…

修订云线完成。

3.1.7　其他特殊线绘制

AutoCAD 提供了绘制具有宽度的线条功能,可以绘制等宽度和不等宽度的线条。

3.1.7.1　等宽度的线条

绘制等宽度的线条,可以使用 PLINE、TRACE 命令来实现,具体绘制方法如下所述。

(1)使用 PLINE 命令绘制等宽度的线条,如图 3.14 所示。

命令:PLINE(使用 PLINE 命令绘制等宽度的线条)

指定起点:(指定等宽度的线条起点 A)

当前线宽为 0.0000

指定下一个点或 [圆弧(A)/半宽(H)/长度(L)/放弃(U)/宽度(W)]:W(输入 W 设置线条宽度)

指定起点宽度<0.0000>:15(输入起点宽度)

指定端点宽度<15.0000>:15(输入端点宽度)

指定下一个点或 [圆弧(A)/半宽(H)/长度(L)/放弃(U)/宽度(W)]:(依次输入多段线端点坐标或直接在屏幕上使用鼠标点取 B)

指定下一点或 [圆弧(A)/闭合(C)/半宽(H)/长度(L)/放弃(U)/宽度(W)]:(指定下一点位置 C)

指定下一点或 [圆弧(A)/闭合(C)/半宽(H)/长度(L)/放弃(U)/宽度(W)]:(指

定下一点位置 D)

......

指定下一点或 [圆弧 (A)/闭合 (C)/半宽 (H)/长度 (L)/放弃 (U)/宽度 (W)]:(指定下一点位置)

指定下一点或 [圆弧 (A)/闭合 (C)/半宽 (H)/长度 (L)/放弃 (U)/宽度 (W)]:(回车结束操作)

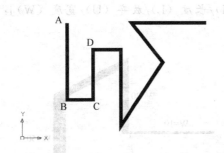

图 3.14　绘制宽度线

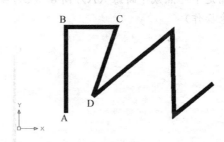

图 3.15　使用 TRACE 命令

(2) 使用 TRACE 命令绘制宽度线,如图 3.15 所示。使用 TRACE 命令时,只有下一个线段的终点位置确定后,上一段的线段才在屏幕上显示出来。宽线的端点在宽线的中心线上,而且总是被剪切成矩形。TRACE 自动计算连接到邻近线段的合适倒角。AutoCAD 直到指定下一线段或按 ENTER 键之后才画出每条线段。考虑到倒角的处理方式,TRACE 没有放弃选项。如果"填充"模式打开,则宽线是实心的。如果"填充"模式关闭,则只显示宽线的轮廓。

命令:TRACE (使用 TRACE 绘制等宽度的线条)

指定宽线宽度 <1.2000>:8

指定起点:(指定起点位置 A)

指定下一点:(指定下一点位置 B)

指定下一点:(指定下一点位置 C)

......

指定下一点:(回车)

3.1.7.2　不等宽度的线条

绘制不等宽度的线条,可以使用 PLINE 命令来实现,具体绘制方法如下所述,其他不等宽线条按相同方法绘制,如图 3.16 所示。

命令:PLINE (使用 PLINE 命令绘制不等宽度的线条)

指定起点:(指定等宽度的线条起点 A)

当前线宽为 0.0000

指定下一个点或 [圆弧 (A)/半宽 (H)/长度 (L)/放弃 (U)/宽度 (W)]:W (输入 W 设置线条宽度)

指定起点宽度 <0.0000>:15 (输入起点宽度)

指定端点宽度 <15.0000>:3 (输入线条宽度与前面不一致)

指定下一个点或 [圆弧 (A)/半宽 (H)/长度 (L)/放弃 (U)/宽度 (W)]:(依次输入多段线端点坐标或直接在屏幕上使用鼠标点取 B)

指定下一点或 [圆弧 (A)/闭合 (C)/半宽 (H)/长度 (L)/放弃 (U)/宽度 (W)]:W (输入 W 设置线条宽度)

指定起点宽度 <3.0000>:5 (输入起点宽度)

指定端点宽度＜5.0000＞：1（输入线条宽度与前面不一致）

指定下一点或［圆弧（A）/闭合（C）/半宽（H）/长度（L）/放弃（U）/宽度（W）］：（指定下一点位置C）

……

指定下一点或［圆弧（A）/闭合（C）/半宽（H）/长度（L）/放弃（U）/宽度（W）］：（指定下一点位置）

指定下一点或［圆弧（A）/闭合（C）/半宽（H）/长度（L）/放弃（U）/宽度（W）］：（回车结束操作）

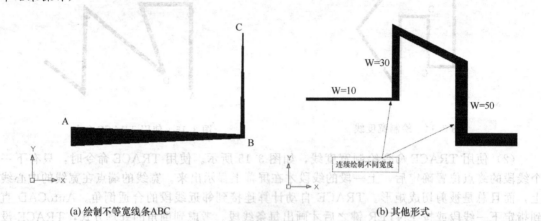

(a)绘制不等宽线条ABC　　　　　　　　　　(b)其他形式

图 3.16　绘制不等宽度线条

3.1.7.3　带箭头的注释引线线条

绘制带箭头的注释引线线条，可以使用 LEADER 命令快速实现，具体绘制方法如下所述，如图 3.17 所示。

（1）直线引线绘制，如图 3.17（a）所示。

命令：LEADER

指定引线起点：

指定下一点：

指定下一点或［注释（A）/格式（F）/放弃（U）］＜注释＞：（回车）

指定下一点或［注释（A）/格式（F）/放弃（U）］＜注释＞：（回车）

输入注释文字的第一行或＜选项＞：（回车）

输入注释选项［公差（T）/副本（C）/块（B）/无（N）/多行文字（M）］＜多行文字＞：（回车输入文字内容"ABC"）

（2）曲线引线绘制，如图 3.17（b）所示。

命令：LEADER

指定引线起点：

指定下一点：

指定下一点或［注释（A）/格式（F）/放弃（U）］＜注释＞：F（输入 F）

输入引线格式选项［样条曲线（S）/直线（ST）/箭头（A）/无（N）］＜退出＞：S（输入 S）

指定下一点或［注释（A）/格式（F）/放弃

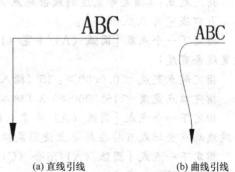

(a)直线引线　　　　　(b)曲线引线

图 3.17　带箭头的注释引线线条绘制

（U）］＜注释＞：（回车）

　　输入注释文字的第一行或＜选项＞：（回车）

　　输入注释选项［公差（T）/副本（C）/块（B）/无（N）/多行文字（M）］＜多行文字＞：（回车输入文字内容"ABC"）

3.2　常见水利工程平面图形 CAD 快速绘制

　　AutoCAD 提供了一些可以直接绘制得到的基本的平面图形，包括圆形、矩形、椭圆形和正多边形等基本图形。

3.2.1　圆形和椭圆形绘制

　　（1）绘制圆形　常常使用到的 AutoCAD 基本图形是圆形，其 AutoCAD 绘制命令是 CIRCLE（简写形式为 C）。启动 CIRCLE 命令可以通过以下 3 种方式。

　　■ 打开【绘图】下拉菜单选择【圆形】命令选项。

　　■ 单击【绘图】工具栏上的【圆形】命令图标。

　　■ 在"命令:"命令行提示下直接输入 CIRCLE 或 C 命令。

　　可以通过中心点或圆周上三点中的一点创建圆，还可以选择与圆相切的对象。以在"命令:"行直接输入 CIRCLE 命令为例，说明圆形的绘制方法，如图 3.18 所示。

　　命令：CIRCLE（绘制圆形）

　　指定圆的圆心或［三点（3P）/两点（2P）/相切、相切、半径（T）］：（指定圆心点位置 O）

　　指定圆的半径或［直径（D）］＜20.000＞：50（输入圆形半径或在屏幕上直接点取）

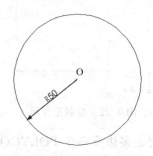 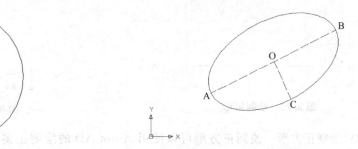

　　　　图 3.18　绘制圆形　　　　　　　　　　　　　图 3.19　绘制椭圆形

　　（2）绘制椭圆形　椭圆形的 AutoCAD 绘制命令与椭圆曲线是一致的，均是 ELLIPSE（简写形式为 EL）命令。

　　启动 ELLIPSE 命令可以通过以下 3 种方式。

　　■ 打开【绘图】下拉菜单选择【椭圆形】命令选项。

　　■ 单击【绘图】工具栏上的【椭圆形】命令图标。

　　■ 在"命令:"命令行提示下直接输入 ELLIPSE 或 EL 命令。

　　以在"命令:"直接输入 ELLIPSE 命令为例，说明椭圆形的绘制方法，如图 3.19 所示。

　　命令：ELLIPSE（绘制椭圆形）

　　指定椭圆的轴端点或［圆弧（A）/中心点（C）］：（指定一个椭圆形轴线端点 A）

指定轴的另一个端点：（指定该椭圆形轴线另外一个端点 B）

指定另一条半轴长度或［旋转（R）］：（指定与另外一个椭圆轴线长度距离 OC）

3.2.2 矩形和正方形绘制

（1）绘制矩形 矩形最为常见的基本图形，其 AutoCAD 绘制命令是 RECTANG 或 RECTANGLE（简写形式为 REC）。当使用指定的点作为对角点创建矩形时，矩形的边与当前 UCS 的 X 轴或 Y 轴平行。

启动 RECTANG 命令可以通过以下 3 种方式。

■ 打开【绘图】下拉菜单选择【矩形】命令选项。

■ 单击【绘图】工具栏上的【矩形】命令图标。

■ 在"命令:"命令行提示下直接输入 RECTANG 或 REC 命令。

使用长和宽创建矩形时，第 2 个指定点将矩形定位在与第一角点相关的四个位置之一内。以在"命令:"行直接输入 RECTANG 命令为例，说明矩形的绘制方法，如图 3.20 所示。

命令：RECTANG（绘制矩形）

指定第一个角点或［倒角（C）/标高（E）/圆角（F）/厚度（T）/宽度（W）］：

指定另一个角点或［面积（A）/尺寸（D）/旋转（R）］：D（输入 D 指定尺寸）

指定矩形的长度＜0.0000＞：1000（输入矩形的长度）

指定矩形的宽度＜0.0000＞：1500（输入矩形的宽度）

指定另一个角点或［面积（A）/尺寸（D）/旋转（R）］：（移动光标以显示矩形可能的四个位置之一并单击需要的一个位置）

图 3.20 绘制矩形

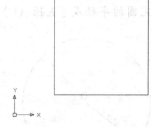

图 3.21 绘制正方形

（2）绘制正方形 绘制正方形可以使用 AutoCAD 的绘制正多边形命令 POLYGON 或绘制矩形命令 RECTANG。启动命令可以通过以下 3 种方式。

■ 打开【绘图】下拉菜单选择【正多边形】或【矩形】命令选项。

■ 单击【绘图】工具栏上的【正多边形】或【矩形】命令图标。

■ 在"命令:"命令行提示下直接输入 POLYGON 或 RECTANG 命令。

以在"命令:"行直接输入 POLYGON 或 RECTANG 命令为例，说明等边多边形的绘制方法。如图 3.21 所示。

① 命令：RECTANG（绘制正方形）

指定第一个角点或［倒角（C）/标高（E）/圆角（F）/厚度（T）/宽度（W）］：

指定另一个角点或［面积（A）/尺寸（D）/旋转（R）］：D（输入 D 指定尺寸）

指定矩形的长度＜0.0000＞：1000（输入正方形的长度）

指定矩形的宽度＜0.0000＞：1000（输入正方形的宽度）

指定另一个角点或［面积（A）/尺寸（D）/旋转（R）］：（移动光标以显示矩形可能的四

个位置之一并单击需要的一个位置）

② 命令：POLYGON（绘制正方形）

输入边的数目 ＜4＞：4（输入正方形边数）

指定正多边形的中心点或［边（E）］：E（输入 E 绘制正方形）

指定边的第一个端点：（在屏幕上指定边的第一个端点位置）

指定边的第二个端点：50（输入正方形边长长度，若输入"－50"，是负值其位置相反）

3.2.3 圆环和螺旋线绘制

3.2.3.1 绘制圆环

圆环是由宽弧线段组成的闭合多段线构成的。圆环具有内径和外径的图形，可以认为是圆形的一种特例，如果指定内径为零，则圆环成为填充圆，其 AutoCAD 功能命令是 DO-NUT。圆环内的填充图案取决于 FILL 命令的当前设置。

启动命令可以通过以下 2 种方式。

■ 打开【绘图】下拉菜单选择【圆环】命令选项。

■ 在"命令："命令行提示下直接输入 DONUT 命令。

AutoCAD 根据中心点来设置圆环的位置。指定内径和外径之后，AutoCAD 提示用户输入绘制圆环的位置。以在"命令："行直接输入 DONUT 命令为例，说明等圆环的绘制方法，如图 3.22 所示。

命令：DONUT（绘制圆环）

指定圆环的内径 ＜0.5000＞：20（输入圆环内半径）

指定圆环的外径 ＜1.0000＞：50（输入圆环外半径）

指定圆环的中心点或 ＜退出＞：（在屏幕上点取圆环的中心点位置 O）

指定圆环的中心点或 ＜退出＞：（指定下一个圆环的中心点位置）

……

指定圆环的中心点或 ＜退出＞：（回车）

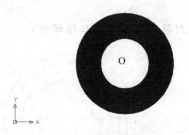

图 3.22 绘制圆环

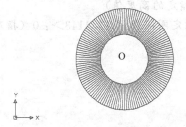

图 3.23 圆环以线框显示

若将先将填充（FILL）命令关闭，再绘制圆环，则圆环以线框显示，如图 3.23 所示。

（1）关闭填充命令

命令：FILL（填充控制命令）

输入模式［开（ON）/关（OFF）］＜开＞：OFF（输入 OFF 关闭填充）

（2）绘制圆环

命令：DONUT（绘制圆环）

指定圆环的内径 ＜10.5000＞：50（输入圆环内半径）

指定圆环的外径 ＜15.0000＞：150（输入圆环外半径）

指定圆环的中心点或 ＜退出＞：（在屏幕上点取圆环的中心点位置 O）

指定圆环的中心点或＜退出＞：（指定下一个圆环的中心点位置）

……

指定圆环的中心点或＜退出＞：（回车）

3.2.3.2 绘制螺旋

螺旋就是开口的二维或三维螺旋（可以通过 SWEEP 命令将螺旋用作路径。例如，可以沿着螺旋路径来扫掠圆，以创建弹簧实体模型，在此略，如图 3.24 所示）。其 AutoCAD 功能命令是 HELIX。螺旋是真实螺旋的样条曲线近似，长度值可能不十分准确。

如果指定一个值来同时作为底面半径和顶面半径，将创建圆柱形螺旋。默认情况下，为顶面半径和底面半径设置的值相同。不能指定 0 来同时作为底面半径和顶面半径。如果指定不同的值来作为顶面半径和底面半径，将创建圆锥形螺旋。如果指定的高度值为 0，则将创建扁平的二维螺旋。

启动螺旋命令可以通过以下 2 种方式：

■ 打开【绘图】下拉菜单选择【螺旋】命令选项。

■ 在"命令："命令行提示下直接输入 HELIX 命令。

以在"命令："直接输入 HELIX 命令为例，说明二维螺旋的绘制方法，如图 3.25 所示。

命令：HELIX（绘制二维螺旋）

圈数 = 3.0000　　扭曲＝CCW

指定底面的中心点：

指定底面半径或［直径（D)]＜14.3880＞：15

指定顶面半径或［直径（D)]＜15.0000＞：50

指定螺旋高度或［轴端点（A)/圈数（T)/圈高（H)/扭曲（W)]＜40.2430＞：T（输入 T 设置螺旋圈数）

输入圈数 ＜3.0000＞：6

指定螺旋高度或［轴端点（A)/圈数（T)/圈高（H)/扭曲（W)]＜40.2430＞：H（输入 H 指定的高度值）

指定圈间距 ＜13.4143＞：0（指定的高度值为 0，则将创建扁平的二维螺旋）

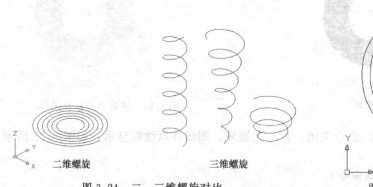

二维螺旋　　　　三维螺旋

图 3.24　二、三维螺旋对比

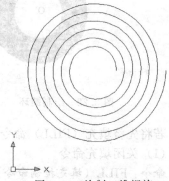

图 3.25　绘制二维螺旋

3.2.4　正多边形绘制和创建区域覆盖

3.2.4.1　绘制正多边形

正多边形也称等边多边形，其 AutoCAD 绘制命令是 POLYGON，可以绘制正方形、等六边形等图形。当正多边形边数无限大时，其形状逼近圆形。正多边形是一种多段线对象，

AutoCAD 以零宽度绘制多段线，并且没有切线信息。可以使用 PEDIT 命令修改这些值。

启动命令可以通过以下 3 种方式。

■ 打开【绘图】下拉菜单选择【正多边形】命令选项。

■ 单击【绘图】工具栏上的【正多边形】命令图标。

■ 在"命令："命令行提示下直接输入 POLYGON 命令。

以在"命令："行直接输入 POLYGON 命令为例，说明等边多边形的绘制方法。

（1）以内接圆确定等边多边形，如图 3.26 所示。内接于圆是指定外接圆的半径，正多边形的所有顶点都在此圆周上。

命令：POLYGON（绘制等边多边形）

输入边的数目 <4>：6（输入等边多边形的边数）

指定正多边形的中心点或 [边（E）]：（指定等边多边形中心点位置 O）

输入选项 [内接于圆（I）/外切于圆（C）] <I>：I（输入 I 以内接圆确定等边多边形）

指定圆的半径：50（指定内接圆半径）

图 3.26 使用内接圆确定　　　　　　　图 3.27 使用外切圆确定

（2）以外切圆确定等边多边形，如图 3.27 所示。外切于圆是指定从正多边形中心点到各边中点的距离。

命令：POLYGON（绘制等边多边形）

输入边的数目 <4>：6（输入等边多边形的边数）

指定正多边形的中心点或 [边（E）]：（指定等边多边形中心点位置 O）

输入选项 [内接于圆（I）/外切于圆（C）] <I>：C（输入 C 以外切圆确定等边多边形）

指定圆的半径：50（指定外切圆半径）

3.2.4.2 创建区域覆盖图形

使用区域覆盖对象可以在现有对象上生成一个空白区域，用于添加注释或详细的蔽屏信息。区域覆盖对象是一块多边形区域，它可以使用当前背景色屏蔽底层的对象。此区域以区域覆盖线框为边框，可以打开此区域进行编辑，也可以关闭此区域进行打印。通过使用一系列点来指定多边形的区域可以创建区域覆盖对象，也可以将闭合多段线转换成区域覆盖对象，如图 3.28 所示。

创建多边形区域的 AutoCAD 命令是 WIPEOUT。启动命令可以通过以下 2 种方式，其绘制方法如下，如图 3.29 所示。

■ 打开【绘图】下拉菜单选择【区域覆盖】命令选项。

■ 在"命令："直接输入 WIPEOUT 命令。

命令：WIPEOUT（创建多边形区域）

指定第一点或 [边框（F）/多段线（P）] <多段线>：（指定多边形区域的起点 A 位置）

指定下一点：（指定多边形区域下一点 B 位置）

指定下一点或 [放弃（U）]：（指定多边形区域下一点 C 位置）

指定下一点或 [闭合（C）/放弃（U）]：（指定多边形区域下一点 D 位置）

指定下一点或 [闭合 (C)/放弃 (U)]：(回车结束)

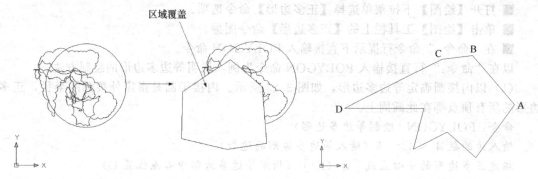

图 3.28 区域覆盖效果   图 3.29 绘制区域覆盖

3.3   常见水利工程 CAD 表格图形快速绘制

CAD 提供了多种方法绘制表格。一般可以通过如下两种方法完成表格绘制，即表格命令及组合功能命令方法。

3.3.1   利用表格功能命令绘制表格

利用表格功能命令绘制表格的方法是使用 TABLE 等 CAD 功能命令进行绘制。

启动表格功能命令可以通过以下 3 种方式。

■ 打开【绘图】下拉菜单选择【表格】命令选项。

■ 单击【绘图】工具栏上的【表格】命令图标。

■ 在"命令："命令行提示下直接输入 TABLE 命令。

以在"命令："行直接输入 TABLE 命令为例，说明表格的绘制方法。

（1）执行 TABLE 功能命令后，弹出"插入表格"对话框，设置相关的数值，包括表格的列数、列宽、行数、行高、单元样式等各种参数。

（2）单击"确定"后要求在屏幕上指定表格位置，单击位置后要求输入表格标题栏文字内容，然后单击"确定"得到表格。

（3）单击表格任意单元格，该单元格显示黄色，可以输入文字内容，如图 3.30 所示。

（4）在"插入表格"对话框中，可以单击表格"启动表格样式对话框"，在弹出的"修改表格样式"对话框中对表格进行修改。如图 3.31 所示。

3.3.2   利用组合功能命令绘制表格

利用组合功能命令绘制表格的方法是使用 LINE（或 PLINE）、OFFSET、TRIM 及 MOVE、TEXT、MTEXT、SCALE 等 CAD 功能命令进行绘制（注：其中文字标注 MTEXT 等编辑命令的使用方法参见后面章节介绍）。

（1）先使用 LINE 命令绘制水平和竖直方向的表格定位线。再按表格宽度、高度要求使用 OFFSET \ TRIM 等进行偏移、修剪等。如图 3.32 所示。

☐ 命令：LINE（回车）

指定第一点：

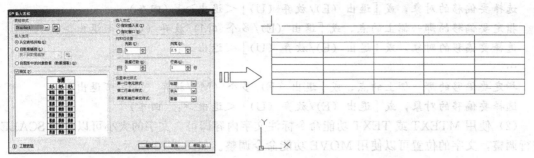

(a) 创建表格线

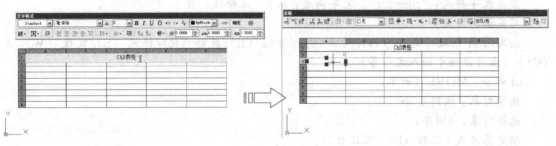

(b) 标注文字

图 3.30　绘制表格

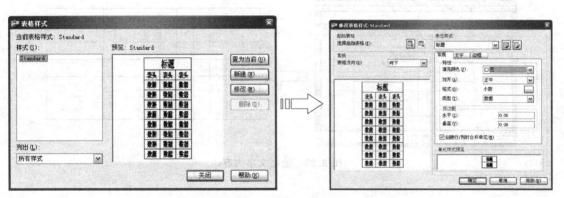

图 3.31　修改表格样式

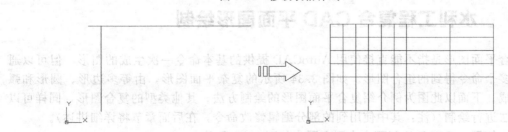

图 3.32　绘制表格线条

指定下一点或 [放弃 (U)]：<正交　开>
指定下一点或 [放弃 (U)]：(回车)
□命令：OFFSET (回车)
当前设置：删除源＝否　图层＝源　OFFSETGAPTYPE=0
指定偏移距离或 [通过 (T)/删除 (E)/图层 (L)] <通过>：150

选择要偏移的对象，或［退出（E）/放弃（U）］＜退出＞：（回车）

指定要偏移的那一侧上的点，或［退出（E）/多个（M）/放弃（U）］＜退出＞：

选择要偏移的对象，或［退出（E）/放弃（U）］＜退出＞：

……

指定要偏移的那一侧上的点，或［退出（E）/多个（M）/放弃（U）］＜退出＞：

选择要偏移的对象，或［退出（E）/放弃（U）］＜退出＞：（回车）

（2）使用 MTEXT 或 TEXT 功能命令标注文字内容即可。文字的大小可以使用 SCALE 进行调整，文字的位置可以使用 MOVE 功能命令调整。如图 3.33 所示。

❑ 命令：MTEXT（回车）

当前文字样式："Standard" 文字高度：2.5 注释性：否

指定第一角点：

指定对角点或［高度（H）/对正（J）/行距（L）/旋转（R）/样式（S）/宽度（W）/栏（C）］：（在对话框中输入文字等）

❑ 命令：MOVE（回车）

选择对象：找到 1 个

选择对象：（回车）

指定基点或［位移（D）］＜位移＞：

指定第二个点或 ＜使用第一个点作为位移＞：（点取位置后回车）

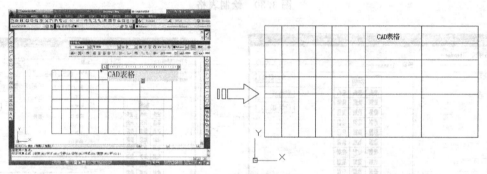

图 3.33 绘制文字内容

<h1>3.4 水利工程复合 CAD 平面图形绘制</h1>

复合平面图形是指不能直接使用 AutoCAD 提供的基本命令一次生成的图形，但可以通过使用多个命令得到的组合图形。如图 3.34 所示的复杂平面图形，由等多边形、圆形和弧线等构成。下面以此图为例介绍复合平面图形的绘制方法。其他类型的复合图形，同样可以按此方法进行绘制（注：其中使用到的部分编辑修改命令，在后面章节将详细讲述）。

（1）使用 CIRCLE 绘制两个小同心圆，如图 3.35 所示。

❑ 命令：CIRCLE（绘制 1 个小圆形）

指定圆的圆心或［三点（3P）/两点（2P）/相切、相切、半径（T）］：（指定圆心点位置）

指定圆的半径或［直径（D）］＜0.000＞：250（输入圆形半径或在屏幕上直接点取）

❑ 命令：OFFSET（偏移得到同心圆）

当前设置：删除源＝否 图层＝源 OFFSETGAPTYPE＝0

指定偏移距离或［通过（T）/删除（E）/图 3 层（L）］＜0.0000＞：50

选择要偏移的对象，或［退出（E）/放弃（U）］＜退出＞：（回车）

指定要偏移的那一侧上的点，或［退出（E）/多个（M）/放弃（U）］＜退出＞：（指定要偏移的那一侧上的点）

选择要偏移的对象，或［退出（E）/放弃（U）］＜退出＞：（回车）

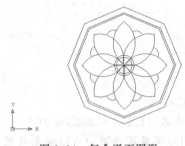

图 3.34　复合平面图形

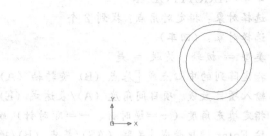

图 3.35　绘制 2 个同心圆

（2）使用 POLYGON 命令建立 3 个等八边形，其中心点位于圆心位置，如图 3.36 所示。

❑命令：POLYGON（绘制等边多边形）

输入边的数目＜4＞：8（输入等边多边形的边数）

指定正多边形的中心点或［边（E）］：（指定等边多边形中心点位置）

输入选项［内接于圆（I）/外切于圆（C）］＜I＞：I（输入 I 以内接圆确定等边多边形）

指定圆的半径：1500（指定内接圆半径）

❑命令：OFFSET（偏移得到同心等八边形）

当前设置：删除源＝否　图层＝源　OFFSETGAPTYPE＝0

指定偏移距离或［通过（T）/删除（E）/图 3. 层（L）］＜0.0000＞：50

选择要偏移的对象，或［退出（E）/放弃（U）］＜退出＞：（回车）

指定要偏移的那一侧上的点，或［退出（E）/多个（M）/放弃（U）］＜退出＞：（指定要偏移的那一侧上的点）

选择要偏移的对象，或［退出（E）/放弃（U）］＜退出＞：（回车）

（3）绘制两条弧线构成一个梭形状，如图 3.37 所示。

图 3.36　建立 3 个等八边形

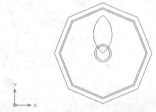

图 3.37　绘制 2 条弧线

❑命令：ARC（绘制弧线）

指定圆弧的起点或［圆心（C）］：（指定起始点位置）

指定圆弧的第二个点或［圆心（C）/端点（E）］：（指定中间点位置）

指定圆弧的端点：（指定起终点位置）

❑命令：MIRROR（生成对成弧线）

找到 1 个（选择弧线）

指定镜像线的第一点：

指定镜像线的第二点：

要删除源对象吗？［是（Y）/否（N）］＜N＞：N（输入N）

（4）利用 CAD 阵列（ARRAY）功能，将棱形弧线造型进行环形阵列（使用 ARRAY-POLAR 功能命令），生成全部棱形图形。如图 3.38 所示。

命令：ARRAYPOLAR

选择对象：指定对角点：找到 2 个

选择对象：（回车）

类型 ＝ 极轴　关联 ＝ 是

指定阵列的中心点或［基点（B）/旋转轴（A）］：

输入项目数或［项目间角度（A）/表达式（E）］＜4＞：8

指定填充角度（＋＝逆时针、－＝顺时针）或［表达式（EX）］＜360＞：360

按 Enter 键接受或［关联（AS）/基点（B）/项目（I）/项目间角度（A）/填充角度（F）/行（ROW）/层（L）/旋转项目（ROT）/退出（X）］＜退出＞：（回车）

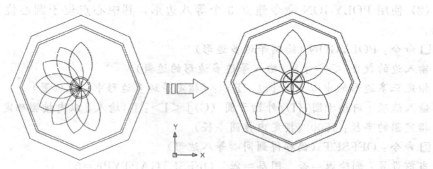

图 3.38　阵列生成全部棱形

（5）按上述相同方法，使用 ARC、TRIM、MOVE、ARRAY 等命令，绘制棱形夹角处的弧线，如图 3.39 所示。最后即可完成该复合平面图形绘制。

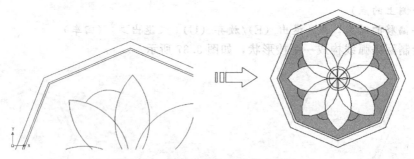

图 3.39　绘制夹角处弧线完成图形

第4章 水利工程CAD图形修改和编辑基本方法

Chapter 04

本章详细讲述使用 AutoCAD 进行水利工程绘图时 CAD 图形修改和编辑功能的基本方法，包括删除、复制、移动、旋转、镜像和剪切等各种操作。AutoCAD 的编辑修改功能与其绘图功能一样强大，使用方便，用途广泛，是水利工程绘图及文件制作的好帮手。

4.1 水利工程 CAD 图形常用编辑与修改方法

4.1.1 删除和复制图形

（1）删除图形 删除编辑功能的 AutoCAD 命令为 ERASE（简写形式为 E）。启动删除命令可以通过以下 3 种方式。

■ 打开【修改】下拉菜单选择【删除】命令选项。

■ 单击"修改"工具栏上的"删除"命令图标。

■ 在"命令："命令行提示下直接输入 ERASE 或 E 命令。

选择图形对象后，按"Delete"按键同样可以删除图形对象，作用与 ERASE 一样。以在"命令："行直接输入 ERASE 或 E 命令为例，说明删除编辑功能的使用方法，如图 4.1 所示。

命令：ERASE（执行删除编辑功能）

选择对象：找到 1 个（依次选择要删除的图线）

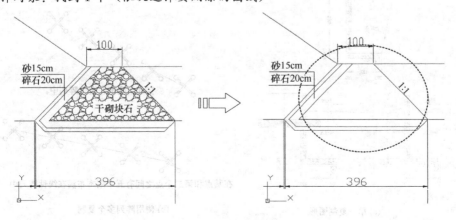

图 4.1 删除编辑功能

选择对象：找到 1 个，总计 2 个

选择对象：找到 1 个，总计 3 个

选择对象：（回车，图形的一部分被删除）

（2）复制图形　要获得相同的图形对象，可以复制生成。复制编辑功能的 AutoCAD 命令为 COPY（简写形式为 CO 或 CP）。启动复制命令可以通过以下 3 种方式。

■ 打开【修改】下拉菜单选择【复制】命令选项。

■ 单击"修改"工具栏上的"复制"命令图标。

■ 在"命令："命令行提示下直接输入 COPY 或 CP 命令。

复制编辑操作有两种方式，即只复制一个图形对象和复制多个图形对象。以在"命令："行直接输入 COPY 或 CP 命令为例，说明复制编辑功能的使用方法，如图 4.2 所示。

① 命令：COPY（进行图形对象单一复制）

选择对象：找到 1 个

选择对象：

当前设置：　复制模式＝多个

指定基点或 ［位移（D）/模式（O）］＜位移＞：

指定第二个点或 ［阵列（A）］＜使用第一个点作为位移＞：

指定第二个点或 ［阵列（A）/退出（E）/放弃（U）］＜退出＞：

……

指定第二个点或 ［阵列（A）/退出（E）/放弃（U）］＜退出＞：

② 命令：COPY（进行图形对象阵列复制）

选择对象：找到 1 个（选择图形）

选择对象：（回车）

当前设置：复制模式＝多个

指定基点或 ［位移（D）/模式（O）］＜位移＞：（指定复制图形起点位置）

指定第二个点或 ［阵列（A）］＜使用第一个点作为位移＞：（进行复制，指定复制图形复制点位置）

指定第二个点或 ［阵列（A）/退出（E）/放弃（U）］＜退出＞：A（输入 A 指定在线性阵列中排列的副本数量，确定阵列相对于基点的距离和方向。默认情况下，阵列中的第一个副本将放置在指定的位移；其余的副本使用相同的增量位移放置在超出该点的线性阵列中）

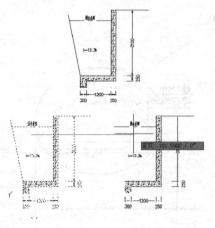

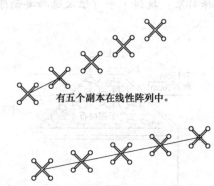

有五个副本在线性阵列中。

在基点和第二个点之间有五个副本布满在线性阵列中

(a) 单一复制图形　　　　(b) 使用阵列多个复制

图 4.2　复制图形

输入要进行阵列的项目数：5

指定第二个点或［布满（F）］：

指定第二个点或［阵列（A）/退出（E）/放弃（U）］＜退出＞：

指定第二个点或［阵列（A）/退出（E）/放弃（U）］＜退出＞：（回车）

4.1.2　镜像和偏移图形

（1）镜像图形　镜像编辑功能的 AutoCAD 命令为 MIRROR（简写形式为 MI）。镜像生成的图形对象与原图形对象程某种对称关系（如左右对称、上下对称）。启动 MIRROR 命令可以通过以下 3 种方式。

■ 打开【修改】下拉菜单选择【镜像】命令选项。

■ 单击"修改"工具栏上的"镜像"命令图标。

■ 在"命令:"命令行提示下直接输入 MIRROR 或 MI 命令。

镜像编辑操作有两种方式，即镜像后将源图形对象删除和镜像后将源图形对象保留。以在"命令:"行直接输入 MIRROR 或 MI 命令为例，说明镜像编辑功能的使用方法，如图 4.3 所示。

命令：MIRROR（进行镜像得到一个对称部分）

选择对象：找到 21 个（选择图形）

选择对象：（回车）

指定镜像线的第一点：（指定镜像第一点位置）

指定镜像线的第二点：（指定镜像第二点位置）

要删除源对象吗？［是（Y）/否（N）］＜N＞：N（输入 N 保留原有图形，输入 Y 删除原有图形）

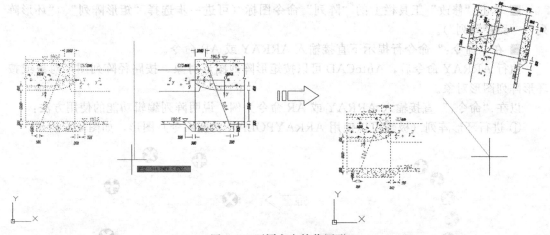

图 4.3　不同方向镜像图形

（2）偏移图形　偏移编辑功能主要用来创建平行的图形对象，其命令为 OFFSET（简写形式为 O）。启动 OFFSET 命令可以通过以下 3 种方式。

■ 打开【修改】下拉菜单选择【偏移】命令选项。

■ 单击"修改"工具栏上的"偏移"命令图标。

■ 在"命令:"命令行提示下直接输入 OFFSET 或 O 命令。

以在"命令:"行直接输入 OFFSET 或 O 命令为例，说明偏移编辑功能的使用方法，如图 4.4 所示。在进行偏移编辑操作时，若输入的偏移距或指定通过点位置过大，则得到的图形将有所变化，如图 4.5 所示。

　　命令：OFFSET（偏移生成形状相似的图形）

　　当前设置：删除源＝否　图层＝源　OFFSETGAPTYPE＝0

　　指定偏移距离或［通过（T）/删除（E）/图层（L）］＜0.0000＞：100（输入偏移距离或指定通过点位置）

　　选择要偏移的对象，或［退出（E）/放弃（U）］＜退出＞：（选择要偏移的图形）

　　指定要偏移的那一侧上的点，或［退出（E）/多个（M）/放弃（U）］＜退出＞：（指定偏移方向位置）

　　选择要偏移的对象，或［退出（E）/放弃（U）］＜退出＞：（回车结束）

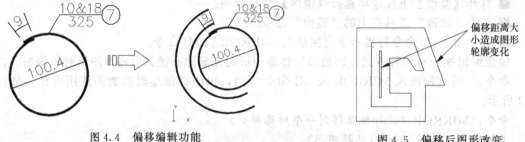

图 4.4　偏移编辑功能　　　　　　　　　　　　　　　　　　图 4.5　偏移后图形改变

4.1.3　阵列与移动图形

　　（1）阵列图形　利用阵列编辑功能可以快速生成多个图形对象，其 AutoCAD 的命令为 ARRAY（简写形式为 AR）命令。启动 ARRAY 命令可以通过以下 3 种方式。

　　■ 打开【修改】下拉菜单选择【阵列】命令选项。

　　■ 单击"修改"工具栏上的"阵列"命令图标（可进一步选择"矩形阵列"、"环形阵列"、"路径阵列"）。

　　■ 在"命令："命令行提示下直接输入 ARRAY 或 AR 命令。

　　执行 ARRAY 命令后，AutoCAD 可以按矩形阵列图形对象、按路径阵列图形对象或按环形阵列图形对象。

　　以在"命令："直接输入 ARRAY 或 AR 命令为例，说明阵列编辑功能的使用方法：

　　① 进行环形阵列（极轴可以使用 ARRAYPOLAR 功能命令）图形，如图 4.6 所示。

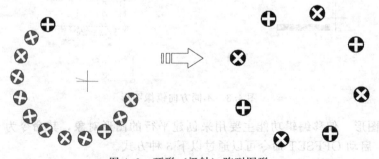

图 4.6　环形（极轴）阵列图形

　　命令：ARRAY 或 ARRAYPOLAR

　　选择对象：找到 1 个

　　选择对象：

　　输入阵列类型［矩形（R）/路径（PA）/极轴（PO）］＜极轴＞：PO

类型＝极轴   关联＝是

指定阵列的中心点或 [基点 (B)/旋转轴 (A)]：

输入项目数或 [项目间角度 (A)/表达式 (E)] <4>：8

指定填充角度 (＋＝递时针、－＝顺时针) 或 [表达式 (EX)] <360>：360

按 Enter 键接受或 [关联 (AS)/基点 (B)/项目 (I)/项目间角度 (A)/填充角度 (F)/行 (ROW)/层 (L)/旋转项目 (ROT)/退出 (X)] <退出>：(回车)

② 进行路径阵列 (可以使用 ARRAYPATH 功能命令) 图形，如图 4.7 所示。

命令：ARRAYPATH

选择对象：指定对角点：找到 14 个

选择对象：

类型＝路径   关联＝是

选择路径曲线：

输入沿路径的项数或 [方向 (O)/表达式 (E)] <方向>：6

指定沿路径的项目之间的距离或 [定数等分 (D)/总距离 (T)/表达式 (E)] <沿路径平均定数等分 (D) >：D

按 Enter 键接受或 [关联 (AS)/基点 (B)/项目 (I)/行 (R)/层 (L)/对齐项目 (A)/Z方向 (Z)/退出 (X)] <退出>：

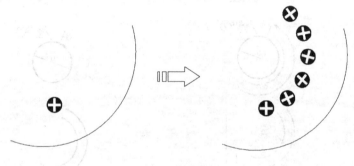

图 4.7   路径阵列

③ 进行矩形阵列 (可以使用 ARRAYRECT 功能命令) 图形，如图 4.8 所示。

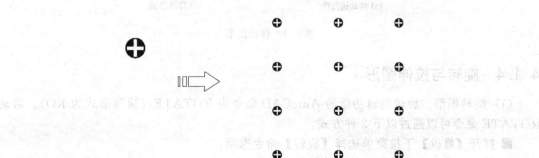

图 4.8   矩形阵列

命令：ARRAYRECT

选择对象：指定对角点：找到 14 个

选择对象：

类型＝矩形   关联＝是

为项目数指定对角点或 [基点 (B)/角度 (A)/计数 (C)] <计数>：C

输入行数或［表达式（E）］＜4＞：4

输入列数或［表达式（E）］＜4＞：3

指定对角点以间隔项目或［间距（S）］＜间距＞：200

按 Enter 键接受或［关联（AS）/基点（B）/行（R）/列（C）/层（L）/退出（X）］＜退出＞：

（2）移动图形　移动编辑功能的 AutoCAD 命令为 MOVE（简写形式为 M）。启动 MOVE 命令可以通过以下3种方式。

■ 打开【修改】下拉菜单选择【移动】命令选项。

■ 单击"修改"工具栏上的"移动"命令图标。

■ 在"命令："命令行提示下直接输入 MOVE 或 M 命令。

以在"命令："行直接输入 MOVE 或 M 命令为例，说明移动编辑功能的使用方法，如图 4.9 所示。

命令：MOVE（移动命令）

选择对象：指定对角点：找到 22 个（选择对象）

选择对象：（回车）

指定基点或［位移（D）］＜位移＞：（指定移动基点位置）

指定第二个点或＜使用第一个点作为位移＞：（指定移动位置）

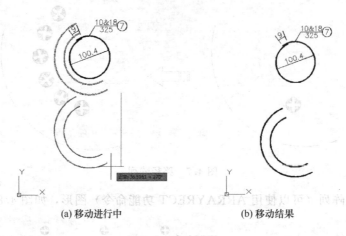

(a) 移动进行中　　　　　　　(b) 移动结果

图 4.9　移动图形

4.1.4　旋转与拉伸图形

（1）旋转图形　旋转编辑功能的 AutoCAD 命令为 ROTATE（简写形式为 RO）。启动 ROTATE 命令可以通过以下3种方式。

■ 打开【修改】下拉菜单选择【旋转】命令选项。

■ 单击"修改"工具栏上的"旋转"命令图标。

■ 在"命令："命令行提示下直接输入 ROTATE 或 RO 命令。

输入旋转角度若为正值（＋），则对象逆时针旋转。输入旋转角度若为负值（－），则对象顺时针旋转。以在"命令："行直接输入 ROTATE 或 RO 命令为例，说明旋转编辑功能的使用方法，如图 4.10 所示。

命令：ROTATE（将图形对象进行旋转）

UCS 当前的正角方向：ANGDIR＝逆时针　ANGBASE＝0

选择对象：找到 1 个（选择图形）

选择对象：（回车）

指定基点：（指定旋转基点）

指定旋转角度，或 ［复制 (C)/参照 (R)］＜0＞：－30（输入旋转角度为负值按顺时针旋转，若输入为正值则按逆时针旋转）

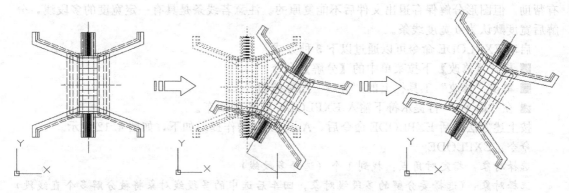

图 4.10　旋转图形

（2）拉伸图形　拉伸编辑功能的 AutoCAD 命令为 STRETCH（简写形式为 S）。启动 STRETCH 命令可以通过以下 3 种方式。

■ 打开【修改】下拉菜单选择【拉伸】命令选项。

■ 单击"修改"工具栏上的"拉伸"命令图标。

■ 在"命令："行命令行提示下直接输入 STRETCH 或 S 命令。

以在"命令："行直接输入 STRETCH 或 S 命令为例，说明拉伸编辑功能的使用方法，拉伸图形时常常使用穿越方式选择图形比较方便，如图 4.11 所示。

命令：STRETCH（将图形对象进行拉伸）

以交叉窗口或交叉多边形选择要拉伸的对象…

选择对象：指定对角点：找到 1 个（以穿越方式选择图形）

选择对象：（回车）

指定基点或 ［位移 (D)］＜位移＞：（指定拉伸基点）

指定第二个点或＜使用第一个点作为位移＞：（指定拉伸位置点）

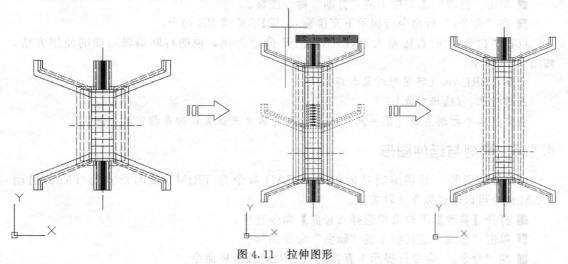

图 4.11　拉伸图形

4.1.5　分解与打断图形

（1）分解图形　AutoCAD 提供了将图形对象分解的功能命令 EXPLODE（简写形式为 X）。EXPLODE 命令可以将多段线、多行线、图块、填充图案和标注尺寸等从创建时的状态转换或化解为独立的对象。许多图形无法编辑修改时，可以试一试分解功能命令，或许会有帮助。但图形分解保存退出文件后不能复原的。注意若线条是具有一定宽度的多段线，分解后宽度默认为 0 宽度线条。

启动 EXPLODE 命令可以通过以下 3 种方式。

■ 打开【修改】下拉菜单中的【分解】命令。

■ 单击"修改"工具栏上的"分解"图标按钮。

■ 在"命令："行提示符下输入 EXPLODE 或 X 并回车。

按上述方法激活 EXPLODE 命令后，AutoCAD 操作提示如下，如图 4.12 所示。

命令：EXPLODE

选择对象：指定对角点：找到 1 个（选择多段线）

选择对象：（选择要分解的多段线对象，回车后选中的多段线对象将被分解多个直线段）

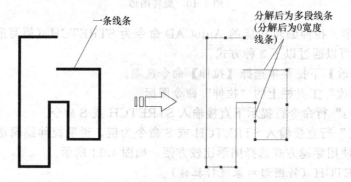

图 4.12　分解图形对象

（2）打断图形　打断编辑功能的 AutoCAD 命令为 BREAK（简写形式为 BR）。启动 BREAK 命令可以通过以下 3 种方式。

■ 打开【修改】下拉菜单选择【打断】命令选项。

■ 单击"修改"工具栏上的"打断"命令图标。

■ 在"命令："行命令行提示下直接输入 BREAK 或 BR 命令。

以在"命令："行直接输入 BREAK 或 BR 命令为例，说明打断编辑功能的使用方法，如图 4.13 所示。

命令：BREAK（将图形对象打断）

选择对象：（选择对象）

指定第二个打断点或 ［第一点（F）］：（指定第 2 点位置或回车指定第一点）

4.1.6　修剪与延伸图形

（1）修剪图形　剪切编辑功能的 AutoCAD 命令为 TRIM（简写形式为 TR）。启动 TRIM 命令可以通过以下 3 种方式。

■ 打开【修改】下拉菜单选择【修剪】命令选项。

■ 单击"修改"工具栏上的"修剪"命令图标。

■ 在"命令："命令行提示下直接输入 TRIM 或 TR 命令。

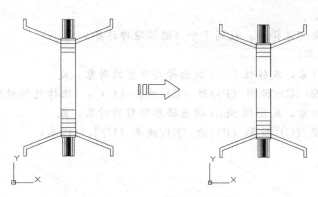

图 4.13　打断编辑功能

以在 "命令:" 行直接输入 TRIM 或 TR 命令为例,说明修剪编辑功能的使用方法,如图 4.14 所示。

命令:TRIM (对图形对象进行修剪)

当前设置:投影=UCS,边=无

选择剪切边 ...

选择对象或<全部选择>:　找到 1 个 (选择修剪边界)

选择对象:(回车)

选择要修剪的对象,或按住 Shift 键选择要延伸的对象,或

[栏选 (F)/窗交 (C)/投影 (P)/边 (E)/删除 (R)/放弃 (U)]:(选择修剪对象)

选择要修剪的对象,或按住 Shift 键选择要延伸的对象,或

[栏选 (F)/窗交 (C)/投影 (P)/边 (E)/删除 (R)/放弃 (U)]:(回车)

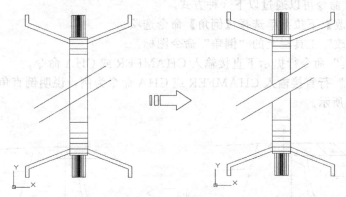

图 4.14　修剪图形

(2) 延伸图形　延伸编辑功能的 AutoCAD 命令为 EXTEND (简写形式为 EX)。启动 EXTEND 命令可以通过以下 3 种方式。

■ 打开【修改】下拉菜单选择【延伸】命令选项。

■ 单击 "修改" 工具栏上的 "延伸" 命令图标。

■ 在 "命令:" 命令行提示下直接输入 EXTEND 或 EX 命令。

以在 "命令:" 行直接输入 EXTEND 或 EX 命令为例,说明延伸编辑功能的使用方法,如图 4.15 所示。

命令:EXTEND (对图形对象进行延伸)

当前设置:投影=UCS,边=无

选择边界的边……

选择对象或＜全部选择＞：找到 1 个（选择延伸边界）

选择对象：（回车）

选择要延伸的对象，或按住 Shift 键选择要修剪的对象，或

［栏选（F）/窗交（C）/投影（P）/边（E）/放弃（U）］：（选择延伸对象）

选择要延伸的对象，或按住 Shift 键选择要修剪的对象，或

［栏选（F）/窗交（C）/投影（P）/边（E）/放弃（U）］：（回车）

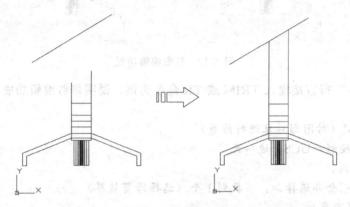

图 4.15　延伸图形

4.1.7　图形倒角与倒圆角

（1）图形倒角　倒角编辑功能的 AutoCAD 命令为 CHAMFER（简写形式为 CHA）。启动 CHAMFER 命令可以通过以下 3 种方式。

■ 打开【修改】下拉菜单选择【倒角】命令选项。

■ 单击"修改"工具栏上的"倒角"命令图标。

■ 在"命令："命令行提示下直接输入 CHAMFER 或 CHA 命令。

以在"命令："行直接输入 CHAMFER 或 CHA 命令为例，说明倒直角编辑功能的使用方法，如图 4.16 所示。

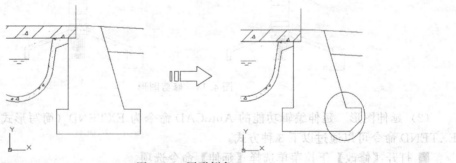

图 4.16　图形倒角

若倒直角距离太大，则不能进行倒直角编辑操作。倒角距离可以相同，也可以不相同，根据图形需要设置；当两条线段还没有相遇在一起，设置倒角距离为 0，则执行倒直角编辑后将延伸直至二者重合。如图 4.17 所示。

命令：CHAMFER（对图形对象进行倒角）

（"修剪"模式）当前倒角距离 1＝0.0000，距离 2＝0.0000

选择第一条直线或 [放弃 (U)/多段线 (P)/距离 (D)/角度 (A)/修剪 (T)/方式 (E)/多个 (M)]：　D (输入 D 设置倒直角距离大小)

指定第一个倒角距离<0.0000>：5 (输入第 1 个距离)

指定第二个倒角距离<0.0000>：5 (输入第 2 个距离)

选择第一条直线或 [放弃 (U)/多段线 (P)/距离 (D)/角度 (A)/修剪 (T)/方式 (E)/多个 (M)]：(选择第 1 条倒直角对象边界)

选择第二条直线，或按住 Shift 键选择要应用角点的直线：(选择第 2 条倒直角对象边界)

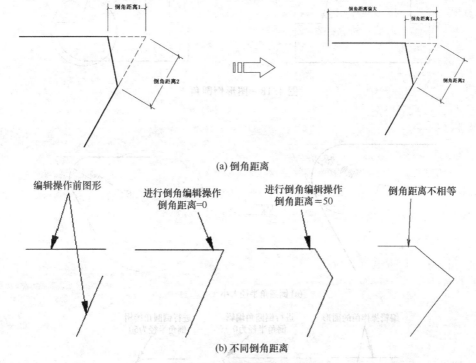

图 4.17　图形倒角修改效果

(2) 图形倒圆角　倒圆角编辑功能的 AutoCAD 命令为 FILLET (简写形式为 F)。启动 FILLET 命令可以通过以下 3 种方式。

■ 打开【修改】下拉菜单选择【圆角】命令选项。

■ 单击 "修改" 工具栏上的 "圆角" 命令图标。

■ 在 "命令:" 命令行提示下直接输入 FILLET 或 F 命令。

以在 "命令:" 行直接输入 FILLET 或 F 命令为例，说明倒圆角编辑功能的使用方法，如图 4.18 所示。若倒圆角半径大小太大，则不能进行倒圆角编辑操作。当两条线段还没有相遇在一起，设置倒角半径为 0，执行倒圆角编辑后将延伸直至二者重合。如图 4.19 所示。

命令：FILLET (对图形对象进行倒圆角)

当前设置：模式=修剪，半径=0.0000

选择第一个对象或 [放弃 (U)/多段线 (P)/半径 (R)/修剪 (T)/多个 (M)]：R (输入 R 设置倒圆角半径大小)

指定圆角半径<0.0000>：5 (输入半径大小)

选择第一个对象或 [放弃 (U)/多段线 (P)/半径 (R)/修剪 (T)/多个 (M)]：选择第 1 条倒圆角对象边界

选择第二个对象，或按住 Shift 键选择要应用角点的对象：(选择第 2 条倒圆角对象边界)

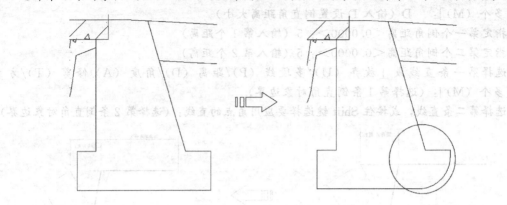

图 4.18　图形倒圆角

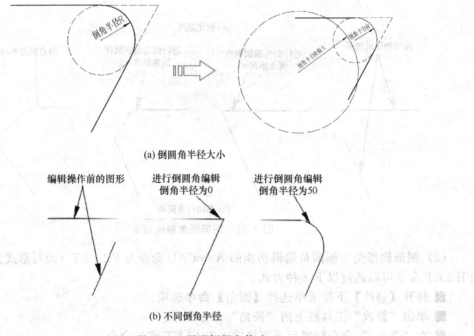

(a) 倒圆角半径大小

编辑操作前的图形　　进行倒圆角编辑　　进行倒圆角编辑
　　　　　　　　　　倒角半径为0　　　倒角半径为50

(b) 不同倒角半径

图 4.19　图形倒圆角修改

4.1.8　缩放（放大与缩小）图形

放大与缩小（即缩放）编辑功能的 AutoCAD 命令均为 SCALE（简写形式为 SC）。启动 SCALE 命令可以通过以下 3 种方式。

■ 打开【修改】下拉菜单选择【缩放】命令选项。

■ 单击"修改"工具栏上的"缩放"命令图标。

■ 在"命令："命令行提示下直接输入 SCALE 或 SC 命令。

所有图形在同一操作下是等比例进行缩放的。输入缩放比例小于 1（如 0.6），则对象被缩小相应倍数。输入缩放比例大于 1（如 2.6），则对象被放大相应倍数。以在"命令："行直接输入 SCALE 或 SC 命令为例，说明缩放编辑功能的使用方法，如图 4.20 所示。

命令：SCALE（等比例缩放）

选择对象：找到 1 个（选择图形）

选择对象：（回车）

指定基点：（指定缩放基点）

指定比例因子或［复制（C)/参照（R)］＜1.5000＞：2（输入缩放比例）

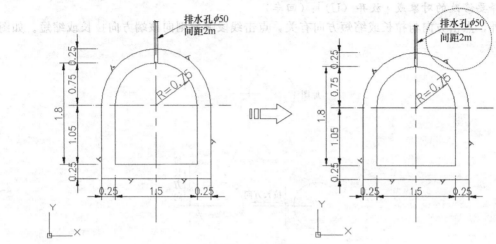

图 4.20　缩放图形

4.1.9　拉长图形

拉长编辑功能的 AutoCAD 命令均为 LENGTHEN（简写形式为 LEN），可以将更改指定为百分比、增量或最终长度或角度，使用 LENGTHEN 即使用 TRIM 和 EXTEND 其中之一。此功能命令仅适用于 LINE 或 ARC 绘制的线条，对 PLINE、SPLINE 绘制的线条不能使用。启动 SCALE 命令可以通过以下 3 种方式。

■ 打开【修改】下拉菜单选择【拉长】命令选项。

■ 单击"修改"工具栏上的"拉长"命令图标。

■ 在"命令："命令行提示下直接输入 LENGTHEN 或 LEN 命令。

所有图形输入数值小于 1，则对象被缩短相应倍数。输入数值大于 1，则对象被拉长相应倍数。以在"命令："行直接输入 LENGTHEN 或 LEN 命令为例，说明拉长编辑功能的使用方法，如图 4.21 所示。

命令：LENGTHEN（拉长图形）

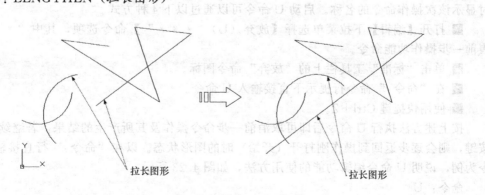

图 4.21　拉长图形

选择对象或［增量（DE）/百分数（P）/全部（T）/动态（DY）］：P（指定为百分比）

输入长度百分数＜0.0000＞：200

选择要修改的对象或［放弃（U）］：（选择要修改的图形）

选择要修改的对象或［放弃（U）］：

……

选择要修改的对象或［放弃（U）］：（回车）

另外，点击方向与拉长或缩短方向有关，点击线段哪端则向该端方向拉长或缩短。如图 4.22 所示。

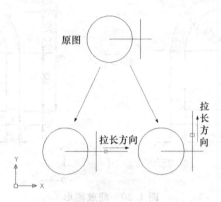

图 4.22　拉长图形方向

4.2　图形其他编辑和修改方法

除了复制、偏移、移动和修剪等基本编辑修改功能外，AutoCAD 提供了一些特殊的编辑与修改图形方法，包括多段线和样条曲线的编辑、取消和恢复操作步骤、对象属性的编辑等方法。

4.2.1　放弃和重做（取消和恢复）操作

在绘制或编辑图形时，常常会遇到错误或不合适的操作要取消或者想返回到前面的操作步骤状态中。AutoCAD 提供了几个相关的功能命令，可以实现前面的绘图操作要求。

(1) 逐步取消操作（U）　U 命令的功能是取消前一步命令操作及其所产生的结果，同时显示该次操作命令的名称。启动 U 命令可以通过以下 4 种方式。

■ 打开【编辑】下拉菜单选择【放弃（U）"＊＊＊"】命令选项，其中"＊＊＊"代表前一步操作功能命令。

■ 单击"标准"工具栏上的"放弃"命令图标。

■ 在"命令："命令行提示下直接输入 U 命令。

■ 使用快捷键 Ctrl+Z。

按上述方法执行 U 命令后即可取消前一步命令操作及其所产生的结果，若继续按 Enter 按键，则会逐步返回到操作刚打开（开始）时的图形状态。以在"命令："行直接输入 U 命令为例，说明 U 命令编辑功能的使用方法，如图 4.23 所示。

命令：U

RECTANG

（2）限次取消操作（UNDO） UNDO 命令的功能与 U 基本相同，主要区别在于 UNDO 命令可以取消指定数量的前面一组命令操作及其所产生的结果，同时也显示有关操作命令的名称。启动 UNDO 命令可以通过在"命令："命令行提示下直接输入 UNDO 命令。

执行 UNDO 命令后，AutoCAD 会提示：

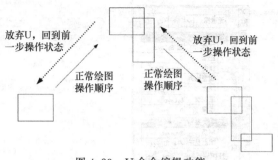

图 4.23 U 命令编辑功能

命令：UNDO

当前设置：自动 = 开，控制 = 全部，合并 = 是，图层 = 是

输入要放弃的操作数目或［自动（A）/控制（C）/开始（BE）/结束（E）/标记（M）/后退（B）］＜1＞：2

GROUP ERASE

（3）恢复操作（REDO） REDO 功能命令允许恢复上一个 U 或 UNDO 所作的取消操作。要恢复上一个 U 或 UNDO 所作的取消操作，必须在该取消操作进行后立即执行，即 REDO 必须在 U 或 UNDO 命令后立即执行。

启动 REDO 命令可以通过以下 4 种方式。

■ 打开【编辑】下拉菜单选择【重做（R）＊＊＊】命令选项，其中"＊＊＊"代表前一步取消的操作功能命令。

■ 单击"标准"工具栏上的"重做"命令图标。

■ 在"命令："命令行提示下直接输入 REDO 命令。

■ 使用快捷键 Ctrl＋Y。

4.2.2　对象特性的编辑和特性匹配

（1）编辑对象特性　对象特性是指图形对象所具有的全部特点和特征参数，包括颜色、线型、尺寸大小、角度、质量和重心等一系列性质。属性编辑功能的 AutoCAD 命令为 PROPERTIES（简写形式为 PROPS）。启动 PROPERTIES 命令可以通过以下 5 种方式。

■ 打开【修改】下拉菜单选择【特性】命令选项。

■ 单击"标准"工具栏上的"特性"命令图标。

■ 在"命令："命令行提示下直接输入 PROPERTIES 命令。

■ 使用快捷键 Ctrl＋1。

■ 选择图形对象后单击鼠标右键，在屏幕上弹出的快捷菜单中选择特性（Properties）命令选项。

按上述方法执行属性编辑功能命令后，AutoCAD 将弹出 Properties 对话框，如图 4.24 所示。在该对话框中，可以单击要修改的属性参数所在行的右侧，直接进行修改或在出现的一个下拉菜单选择需要的参数，如图 4.25 所示。可以修改的参数包括颜色、图层、线型、线型比例、线宽、坐标和长度、角度等各项相关指标。

（2）特性匹配　特性匹配是指将所选图形对象的属性复制到另外一个图形对象上，使其具有相同的某些参数特征。特性匹配编辑功能的 AutoCAD 命令为 MATCHPROP（简写形式为 MA）。启动 MATCHPROP 命令可以通过以下 3 种方式。

■ 打开【修改】下拉菜单选择【特性匹配】命令选项。

■ 单击"标准"工具栏上的"特性匹配"命令图标。

图 4.24　PROPERTIES 对话框

图 4.25　修改参数（颜色）

■ 在"命令:"命令行提示下直接输入 MATCHPROP 命令。

执行该命令后，光标变为一个刷子形状，使用该刷子即可进行特性匹配，包括改变为相同的线型、颜色、字高、图层等。

以在"命令:"行直接输入 MATCHPROP 命令为例，说明特性匹配编辑功能的使用方法，如图 4.26 所示。

命令：MATCHPROP（特性匹配）

当前活动设置：　颜色　图层　线型　线型比例　线宽　厚度　打印样式　文字　标注填充　图案

选择目标对象或 [设置 (S)]：（使用该刷子选择源特性匹配图形对象）

选择目标对象或 [设置 (S)]：（使用该刷子即可进行特性匹配）

……

选择目标对象或 [设置 (S)]：（回车）

工程量表

项　　目	单位	数量	备注
C15		26	原输水涵洞
土石方明挖		10100	
石方洞挖		502	隧洞洞身
石方井挖		156	闸门井
C20		141	
混凝土　C25		207	
锚		14	
L=3		70	
回填灌浆		140	
浆砌块石　M7.5		520	
木叠梁门	道	1	(1.5m×0.9m)

工程量表

项　　目	单位	数量	备注
混凝土封堵 C15		26	原输水涵洞
土石方明挖		10100	隧洞进出口
石方洞挖		502	隧洞洞身
石方井挖		156	闸门井
混凝土　C20		141	
混凝土　C25		207	
钢筋		14	
排水孔　L=3		70	
回填灌浆		140	
浆砌块石　M7.5		520	
木叠梁门	道	1	(1.5m×0.9m)

图 4.26　进行特性匹配（文字）

4.2.3　多段线和样条曲线的编辑

多段线和样条曲线编辑修改，需使用其专用编辑命令。

（1）多段线编辑修改　多段线专用编辑命令是 PEDIT，启动 PEDIT 编辑命令可以通过

启动加上 MLEDIT 编辑命令可以通过一个 AutoCAD 菜单一个快捷菜单 C 或……（此处文字不清）

■ 打开【修改】下拉菜单中的【对象】子菜单，选择其中的【多段线】命令。

■ 单击"修改Ⅱ"工具栏上的"编辑多段线"按钮。

■ 在"命令："命令提示行下直接输入命令 PEDIT。

■ 用鼠标选择多段线后，在绘图区域内单击鼠标右键，然后在弹出的快捷菜单上选择多段线命令。

以在"命令："行直接输入 PEDIT 命令为例，说明多段线的编辑修改方法，如图 4.27 所示。

命令：PEDIT（输入编辑命令）

选择多段线或 [多条（M）]：（选择多段线）

输入选项 [闭合（C）/合并（J）/宽度（W）/编辑顶点（E）/拟合（F）/样条曲线（S）/非曲线化（D）/线型生成（L）/反转（R）/放弃（U）]：W（输入 W 编辑宽度）

指定所有线段的新宽度：150（输入宽度）

输入选项 [闭合（C）/合并（J）/宽度（W）/编辑顶点（E）/拟合（F）/样条曲线（S）/非曲线化（D）/线型生成（L）/反转（R）/放弃（U）]：（回车）

图 4.27　多段线编辑　　　　　　　　　　图 4.28　样条曲线编辑

（2）样条曲线编辑修改　样条曲线专用编辑命令是 SPLINEDIT，启动 SPLINEDIT 编辑命令可以通过以下 4 种方式。

■ 打开【修改】下拉菜单中的【对象】子菜单，选择其中的【样条曲线】命令。

■ 单击"修改Ⅱ"工具栏上的"编辑样条曲线"按钮。

■ 在"命令："行提示下输入命令 SPLINEDIT。

■ 用鼠标选择多段线后，在绘图区域内单击鼠标右键，然后在弹出的快捷菜单上选择样条曲线命令。

以在"命令："行直接输入 SPLINEDIT 命令为例，说明样条曲线的编辑修改方法，如图 4.28 所示。

命令：SPLINEDIT（编辑样条曲线）

选择样条曲线：（选择样条曲线图形）

输入选项 [拟合数据（F）/闭合（C）/移动顶点（M）/优化（R）/反转（E）/转换为多段线（P）/放弃（U）]：P（输入 P 转换为多段线）

指定精度<99>：0

4.2.4　多线的编辑

多线专用编辑命令是 MLEDIT，启动 MLEDIT 编辑命令可以通过以下 2 种方式。

■ 打开【修改】下拉菜单中的【对象】子菜单，选择其中的【多线】命令。

■ 在"命令："提示下输入命令 MLEDIT。

　　按上述方法执行 MLEDIT 编辑命令后，AutoCAD 弹出一个多线编辑工具对话框，如图 4.29 所示。若单击其中的一个图标，则表示使用该种方式进行多行线编辑操作。

　　以在"命令:"行直接输入 MLEDIT 命令为例，说明多线的编辑修改方法。

　　(1) 十字交叉多行线编辑，单击对话框中的十字打开图标，如图 4.30 所示。

命令：MLEDIT

选择第一条多线：

选择第二条多线：

选择第一条多线或 [放弃（U）]：

图 4.29　多线编辑工具

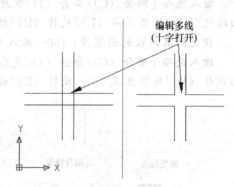

图 4.30　十字交叉多行线编辑

　　(2) T 型交叉多线编辑，单击对话框中的 T 型闭合图标，如图 4.31 所示。

命令：MLEDIT

选择第一条多线：

选择第二条多线：

选择第一条多线或 [放弃（U）]：

　　(3) 多行线的角点和顶点编辑，单击对话框中的角点结合图标，如图 4.32 所示。

命令：MLEDIT

选择第一条多线：

选择第二条多线：

选择第一条多线或 [放弃（U）]：

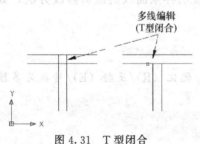

图 4.31　T 型闭合

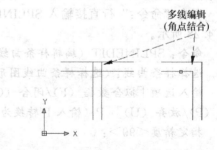

图 4.32　角点结合

4.2.5　图案的填充与编辑方法

　　图案的填充功能是指某种有规律的图案填充到其他图形整个或局部区域中，所使用的填充图案一般为 AutoCAD 系统提供，也可以建立新的填充图案，如图 4.33 所示。图案主要用来区分工程的部件或表现组成对象的材质，可以使用预定义的填充图案，用当前的线型定义简单直线图案，或者创建更加复杂的填充图案。图案的填充功能 AutoCAD 命令包括 BHATCH、HATCH，二者功能相同。

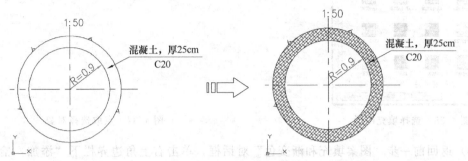

图 4.33　填充图案

4.2.5.1　图案填充功能及使用

启动图案填充功能命令可以通过以下 3 种方式。

■ 打开【绘图】下拉菜单中的【图案填充】命令。

■ 单击"绘图"工具栏上的"图案填充"按钮。

■ 在"命令："行提示下输入命令 HATCH 或 BHATCH。

按上述方法执行"图案填充"命令后，AutoCAD 弹出一个"图案填充和渐变色"对话框，如图 4.34 所示，在该对话框可以定义边界、图案类型、图案比例、图案角度和图案特性以及定制填充图案等参数设置操作。使用该对话框就可以对图形进行图案操作。下面结合图 4.35 所示的图形作为例子，说明有关参数设置和使用方法。

图 4.34　图案填充和渐变色对话框

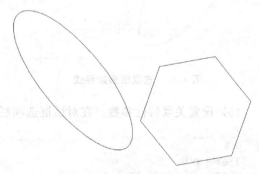

图 4.35　进行图案填充图形

在进行填充操作时，填充区域的边界必须是封闭的，否则不能进行填充或填充结果错误。

以在"命令："行直接输入 BHATCH 命令及如图 4.35 所示的多边形、椭圆形等图形为例，说明对图形区域进行图案填充的方法。

（1）在"命令："提示下输入命令 HATCH。

（2）在"图案填充和渐变色"对话框中选择图案填充选项，再在类型与图案栏下，单击图案右侧的三角图标选择填充图形的名称，或单击右侧的省略号（…）图标，弹出填充图案选项板对话框，根据图形的直观效果选择要填充图案类型，单击确定，如图 4.36 所示。

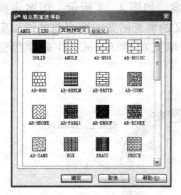
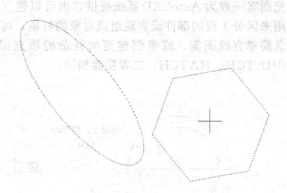

图 4.36　选择填充图形　　　　　　　图 4.37　点取选择对象

（3）返回前一步"图案填充和渐变色"对话框，单击右上角边界栏下"添加：拾取点"或"添加：选择对象"图标，AutoCAD 将切换到图形屏幕中，在屏幕上选取图形内部任一位置点或选择图形，该图形边界线将变为虚线，表示该区域已选中，然后按下 Enter 键返回对话框，如图 4.37 所示。也可以逐个选择图形对象的边，如图 4.38 所示。

（4）接着在"图案填充和渐变色"对话框中，在角度和参数栏下，设置比例、角度等参数，以此控制所填充图案的密度大小、与水平方向的倾角大小。角度、比例可以直接输入需要的数字，如图 4.39 所示。

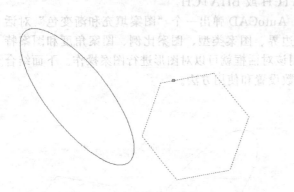

图 4.38　选取图形边界线　　　　　　图 4.39　设置角度、比例参数

（5）设置关联特性参数。在对话框选项栏下，选择勾取关联或不关联，如图 4.40 所示。

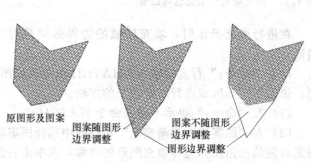

图 4.40　设置关联特性　　　　　　　图 4.41　关联的作用示意

关联或不关联是指所填充的图案与图形边界线的相互关系的一种特性。若拉伸边界线时，所填充的图形随之紧密变化，则属于关联，反之为不关联，如图 4.41 所示。

（6）单击"确定"进行填充，完成填充操作，如图 4.42 所示。对两个或多个相交图形的区域，无论其如何复杂，均可以使用与上述一样的方法，直接使用鼠标选取要填充图案的区域即可，其他参数设置完全一样，如图 4.43 所示。若填充区域内有文字时，在选择该区域进行图案填充，所填充的图案并不穿越文字，文字仍可清晰可见。也可以使用"选择对象"分别选取边界线和文字，其图案填充是效果一致，如图 4.44 所示。

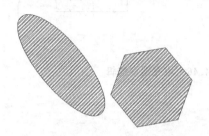

图 4.42　完成填充操作

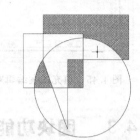

图 4.43　直接选取区域

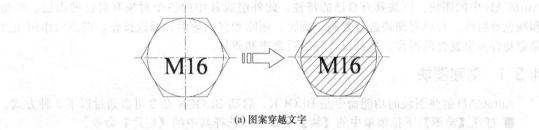

(a) 图案穿越文字

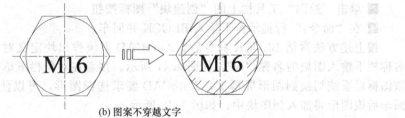

(b) 图案不穿越文字

图 4.44　图案与文字关系

4.2.5.2　编辑图案填充

编辑图案填充的功能是指修改填充图案的一些特性，包括其造型、比例、角度和颜色等。其 AutoCAD 命令为 HATCHEDIT。

启动 HATCHEDIT 编辑命令可以通过以下 3 种方式。

■ 打开【修改】下拉菜单中的【对象】命令选项，在子菜单中选择【图案填充】命令。

■ 单击"修改Ⅱ"工具栏上的"编辑图案填充"按钮。

■ 在"命令："行提示下输入命令 HATCHEDIT。

按上述方法执行 HATCHEDIT 编辑命令后，AutoCAD 要求选择要编辑的填充图案，然后弹出一个对话框，如图 4.45 所示，在该对话框可以进行定义边界、图案类型、图案比例、图案角度和图案特性以及定制填充图案等参数修改，其操作方法与进行填充图案操作是一致的。填充图案经过编辑后，如图 4.46 所示。

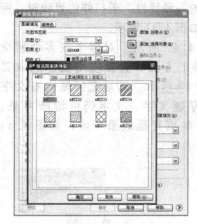

图 4.45　填充图案编辑对话框

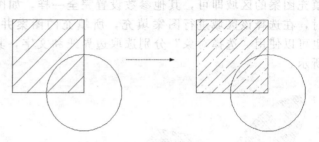

图 4.46　填充图案编辑

4.3　图块功能与编辑

将某个元素或多个元素组成的图形对象定制为一个整体图形，该整体图形即是 AutoCAD 中的图块。图块具有自己的特性，此外组成其中的各个对象有自己的图层、线型和颜色等特性。可以对图块进行复制、旋转、删除和移动等编辑修改操作。图块的作用主要是避免许多重复性的操作，提高设计与绘图效率和质量。

4.3.1　创建图块

AutoCAD 创建图块的功能命令是 BLOCK。启动 BLOCK 命令可以通过以下 3 种方式。

■ 打开【绘图】下拉菜单中的【块】子菜单，选择其中的【创建】命令。

■ 单击"绘图"工具栏上的"创建块"图标按钮。

■ 在"命令:"行提示符下输入 BLOCK 并回车。

按上述方法激活 BLOCK 命令后，AutoCAD 系统弹出块定义对话框。在该对话框中的名称栏下输入图块的名称"jx"，如图 4.47 所示。接着在对象栏下单击选择对象图标，单击该图标后系统切换到图形屏幕上，AutoCAD 要求选择图形，可以使用光标直接选取图形，回车后该图形将加入到图块中，如图 4.48 所示。

选择图形对象后按下 Enter 系统将切换到对话框中，在基点栏下单击拾取点图标，指定该

图 4.47　块定义对话框

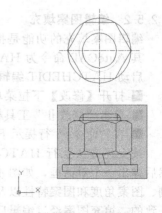

图 4.48　选取图形

图块插入点的位置，也可以在其下面的 X、Y、Z 空白栏中直接输入坐标点（X，Y，Z）。图块插入点的位置为在绘图时插入该图块的基准点和图块的旋转与缩放基点。AutoCAD 默认的基点是坐标系的原点。单击该图标后系统切换到图形屏幕上，AutoCAD 要求选择图块插入点的位置。可以使用光标直接选取位置点，回车确认后该将返回块定义对话框中，如图 4.49 所示。

此外在该对话框中，可以为图块设置一个预览图标，并保存在图块中。同时可以设置图块的尺寸单位（毫米、厘米等），如图 4.50 所示。

最后单击确定按钮完成图块的创建操作。该图块将保存在当前的图形中，若未保存图形，则图块也未能保存。

图 4.49 指定图块插入点

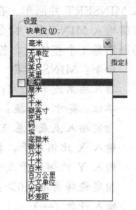

图 4.50 设置预览图标和单位

4.3.2 插入图块

（1）插入单个图块 单图块插入是指在图形中逐个插入图块。要在图形中插入图块，需先按前面有关内容定义图块。AutoCAD 插入图块的功能命令是 INSERT。启动 INSERT 命令可以通过以下 3 种方式。

■ 打开【插入】下拉菜单中的【块】命令。

■ 单击"插入点"工具栏上的"插入块"图标按钮。

■ 在"命令："行提示符下输入 INSERT 并回车。

按上述方法激活插入图块命令后，AutoCAD 系统弹出插入对话框。在该对话框中的名称选项区域右边选择要插入的图块名称（可以单击小三角图标打开下拉栏选择），例如前面创建的"jx"。在该对话框中还可以设置插入点、缩放比例和旋转角度等，如图 4.51 所示。

若选取各个参数下面的在屏幕上的指定复选框，可以直接在屏幕上使用鼠标进行插入点、比例、旋转角度的控制，如图 4.52 所示。

图 4.51 插入图块对话框

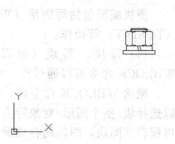

图 4.52 插入图块

命令：INSERT

输入 X 比例因子，指定对角点，或 [角点 (C)/XYZ (XYZ)] <1>：1.0

输入 Y 比例因子或 <使用 X 比例因子>：1.0

此外，可以将已有的 *.dwg 图形文件作为图块插入，其插入方法与插入图块完全一致。只需单击对话框右上角的浏览图标，在弹出的选择对话框中选择图形文件后单击确定按钮确认返回，按前面有关讲述的方法进行操作即可，如图 4.53 所示。

（2）多图块插入　多图块插入是指在图形中以矩形阵列形式插入多个图块。其 AutoCAD 功能命令为 MINSERT。启动 INSERT 命令可以通过在"命令："行提示符下输入 MINSERT 并回车。在进行多图块插入操作时，插入的图块是整体的。以在"命令："行直接输入 MINSERT 命令为例，说明多图块插入的方法。注意，采用多块插入方法，得到的图形是 1 个整体块，各个不是分开的。如图 4.54 所示。

命令：MINSERT

输入块名或 [?] <jx>：jx

单位：英寸　转换：1.0000

指定插入点或 [基点 (B)/比例 (S)/X/Y/Z/旋转 (R)]：

输入 X 比例因子，指定对角点，或 [角点 (C)/XYZ (XYZ)] <1>：1

输入 Y 比例因子或 <使用 X 比例因子>：1

指定旋转角度 <0>：0

输入行数 (---) <1>：2

输入列数 (｜｜｜) <1>：3

输入行间距或指定单位单元 (---)：100

指定列间距 (｜｜｜)：300

图 4.53　插入图形文件

图 4.54　多图块插入

4.3.3　图块编辑

图块编辑包括写图块（WBLOCK）、图块分解（EXPLODE）和属性编辑（DDATTE、ATTEDIT）等操作。

（1）写块　写块（可以理解为保存）的 AutoCAD 功能命令是 WBLOCK。启动 WBLOCK 命令可以通过在"命令："行提示符下输入 WBLOCK 并回车。

激活 WBLOCK 命令后，AutoCAD 系统弹出对话框，在该对话框中的源选项栏下，可以选择块/整个图形/对象等方式的复选框，并在右侧选择已有图块 K，然后单击确定按钮即可保存该图块，图块的存储默认位置在对话框下侧的空白框，同时可以进行存储位置设置，如图 4.55 所示。

(a) 选择块选项　　　　　　　　　　　(b) 选择对象选项

图 4.55　写块对话框

（2）图块分解　在定义图块后，图块是一个整体，若要对图块中的某个图形元素对象进行修改，则在整体组合的图块中无法进行。为此，AutoCAD 提供了将图块分解的功能命令 EXPLODE。EXPLODE 命令可以将块、填充图案和标注尺寸从创建时的状态转换或化解为独立的对象。

启动 EXPLODE 命令可以通过以下 3 种方式。

■ 打开【修改】下拉菜单中的【分解】命令。

■ 单击"修改"工具栏上的"分解"图标按钮。

■ 在"命令："行提示符下输入 EXPLODE 并回车。

按上述方法激活 EXPLODE 命令后，AutoCAD 操作提示如下。

命令：EXPLODE

选择对象：指定对角点：找到 1 个

选择对象：（回车）

选择要分解的图块对象，回车后选中的图块对象将被分解，如图 4.56 所示。

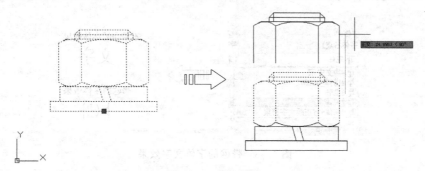

图 4.56　分解图块

4.4　文字与尺寸标注

文字与尺寸标注是图形绘制主要表达内容之一，也是 AutoCAD 绘制图形的重要内容。

4.4.1　标注文字

标注文字，是工程设计图纸中不可缺少的一部分，文字与图形一起才能表达完整的设计思想。文字标注包括图形名称、注释、标题和其他图纸说明等。AutoCAD 提供了强大的文字处理功能，如可以设置文字样式、单行标注、多行标注、支持 Windows 字体、兼容中英文字体等。

（1）文字样式设置   AutoCAD 文字样式是指文字字符和符号的外观形式，即字体。AutoCAD 字体除了可以使用 Windows 操作系统的 TrueType 字体外，还有其专用字体（其扩展名为＊.SHX）。AutoCAD 默认的字体为 TXT.SHX，该种字体全部由直线段构成（没有弯曲段），因此存储空间较少，但外观单一不美观。

可以通过文字样式（STYLE 命令）修改当前使用字体。启动 STYLE 命令可以通过以下 3 种方式。

■ 打开【格式】下拉菜单选择命令【文字样式】选项。

■ 单击样式工具栏上的文字样式命令图标。

■ 在"命令:"命令行提示下直接输入 STYLE 或 ST 命令。

按上述方法执行 STYLE 命令后，AutoCAD 弹出文字样式对话框，在该对话框中可以设置相关的参数，包括样式、新建样式、字体、高度和效果等，如图 4.57 所示。

图 4.57   文字样式对话框

其中在字体类型中，带@的字体表示该种字体是水平倒置的，如图 4.58 所示。此外，在字体选项栏中可以使用大字体，该种字体是扩展名为 .SHX 的 AutoCAD 专用字体，如 chineset.shx、bigfont.shx 等，大字体前均带一个圆规状的符号，如图 4.59 所示。

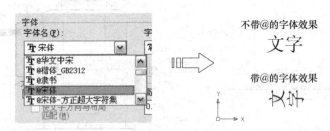

图 4.58   带@的字体文字效果

（2）单行文字标注方法   单行文字标注是指进行逐行文字输入。单行文字标注功能的 AutoCAD 命令为 TEXT。启动单行文字标注 TEXT 命令可以通过以下 2 种方式。

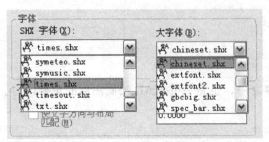

图 4.59   AutoCAD 专用字体

■ 打开【绘图】下拉菜单选择【文字】命令选项，再在子菜单中选择【单行文字】命令。

■ 在"命令:"命令行提示下直接输入 TEXT 命令。

可以使用 TEXT 输入若干行文字，并

可进行旋转、对正和大小调整。在"输入文字"提示下输入的文字会同步显示在屏幕中。每行文字是一个独立的对象。要结束一行并开始另一行，可在"输入文字"提示下输入字符后按 ENTER 键。要结束 TEXT 命令，可直接按 ENTER 键，而不用在"输入文字"提示下输入任何字符。通过对文字应用样式的设置，用户可以使用多种字符图案或字体。这些图案或字体可以在垂直列中拉伸、压缩、倾斜、镜像或排列。

以在"命令："行直接输入 TEXT 命令为例，说明单行文字标注方法，完成文字输入后回车确认即可。如图 4.60 所示。

命令：TEXT（输入 TEXT 命令）

当前文字样式："Standard"　文字高度：2.5000　注释性：否

指定文字的起点或 [对正（J）/样式（S）]：

指定高度＜2.5000＞：10

指定文字的旋转角度＜0＞：0

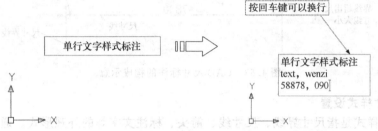

图 4.60　单行标注文字

（3）多行文字标注方法　除了使用 TEXT 进行单行文字标注外，还可以进行多行文字标注。其 AutoCAD 命令为 MTEXT。启动单行文字标注 TEXT 命令可以通过以下 3 种方式。

■ 打开【绘图】下拉菜单选择【文字】命令选项，再在子菜单中选择【多行文字】命令。

■ 单击绘图工具栏上的多行文字命令图标。

■ 在"命令："命令行提示下直接输入 MTEXT 命令。

激活 MTEXT 命令后，要求在屏幕上指定文字的标注位置，可以使用鼠标直接在屏幕上点取。如图 4.61 所示。指定文字的标注位置后，AutoCAD 弹出文字格式对话框，在该对话框中设置字形、字高、颜色等，然后输入文字，输入文字后单击 OK 按钮，文字将在屏幕上显示出来，如图 4.62 所示。

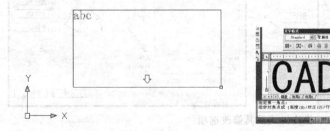

图 4.61　指定文字位置

图 4.62　输入文字

以在"命令："行直接输入 MTEXT 命令为例，说明多行文字标注方法。

命令：MTEXT（标注文字）

当前文字样式："Standard"　文字高度：10　注释性：否

指定第一角点：（指定文字位置）

指定对角点或［高度（H）/对正（J）/行距（L）/旋转（R）/样式（S）/宽度（W）/栏
（C）］：（指定文字对角位置，在弹出的对话框中可以设置字形、字高、颜色等，并输入文字）

Current text style："DIM＿FONT"　　Text height：400

4.4.2　尺寸标注

尺寸的标注，在工程制图中同样是十分重要的内容。尺寸大小，是进行工程建设定位的主要依据。AutoCAD提供了多种尺寸标注方法，以适应不同工程制图的需要。

AutoCAD提供的尺寸标注形式，与工程设计实际相一致。一个完整的尺寸一般由尺寸界线、尺寸线、箭头、标注文字构成。通常以一个整体出现，如图4.63所示。

图4.63　CAD尺寸标注的构成示意

4.4.2.1　尺寸样式设置

尺寸标注样式是指尺寸界线、尺寸线、箭头、标注文字等的外观形式。通过设置尺寸标注样式，可以有效地控制图形标注尺寸界线、尺寸线、箭头、标注文字的布局和外观形式。

尺寸标注样式设置的AutoCAD命令为DIMSTYLE（简写形式为DDIM）。启动单行文字标注DIMSTYLE命令可以通过以下3种方式。

■ 打开【格式】下拉菜单选择【标注样式】命令选项。

■ 单击标注工具栏上的标注样式命令图标。

■ 在"命令："命令行提示下直接输入DIMSTYLE或DDIM命令。

激活DIMSTYLE命令后，在屏幕上弹出标注样式管理器对话框，通过该对话框，可以对尺寸线、标注文字、箭头、尺寸单位、尺寸位置和方向等尺寸样式进行部分或全部设置和修改，如图4.64所示。

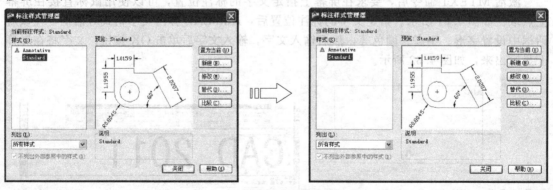

图4.64　标注样式及其修改选项

其中，创建新的标注样式是新定义一个标注模式；比较两个已存在的标注样式的参数及特性，二者不同之处显示出来；修改标注样式可以对当前的标注样式进行修改，包括文字位置、箭头和尺寸线长短等各种参数。其中"文字对齐"选项建议点取"与尺寸线对齐"；尺寸标注文字是否带小数点，在线性标注选项下的"精度"进行设置，如图4.65所示。

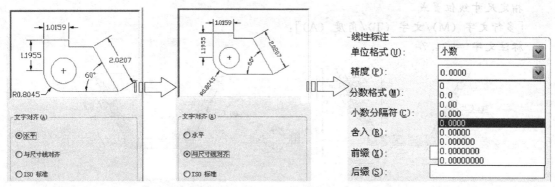

图 4.65　尺寸标注相关参数修改

4.4.2.2　尺寸标注方法

AutoCAD 提供了多种尺寸标注方法，包括线性、对齐、坐标、半径、直径、角度等。此外还有快速尺寸标注等其他方式。

（1）线性尺寸标注　线性尺寸标注的 AutoCAD 功能命令是 DIMLINEAR。启动 DIM-LINEAR 命令可以通过以下 3 种方式。

■ 打开【标注】下拉菜单，选择其中的【线性】命令选项。

■ 单击标注工具栏上的线性命令功能图标。

■ 在"命令："命令行提示符下输入 DIMLINEAR 并回车。

以在命令行启动 DIMLINEAR 为例，线性尺寸标注的使用方法如下所述，如图 4.66 所示。

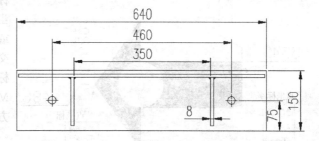

图 4.66　线性尺寸标注样式

命令：DIMLINEAR

指定第一条延伸线原点或＜选择对象＞：

指定第二条延伸线原点：

创建了无关联的标注。

指定尺寸线位置或 ［多行文字 （M）/文字 （T）/角度 （A）/水平 （H）/垂直 （V）/旋转 （R）］：

标注文字 = 150

（2）对齐尺寸标注　对齐尺寸标注是指所标注的尺寸线与图形对象相平行，其 AutoCAD 功能命令是 DIMALIGNED。启动 DIMALIGNED 命令可以通过以下 3 种方式。

■ 打开【标注】下拉菜单，选择其中的【对齐】命令选项。

■ 单击标注工具栏上的对齐命令功能图标。

■ 在"命令："命令行提示符下输入 DIMALIGNED 并回车。

以在命令行启动 DIMALIGNED 为例，对齐尺寸标注的使用方法如下所述，如图 4.67 所示。

命令：DIMALIGNED

指定第一条延伸线原点或＜选择对象＞：

指定第二条延伸线原点：

创建了无关联的标注。

指定尺寸线位置或

［多行文字（M)/文字（T)/角度（A)］：

标注文字 = 34.7

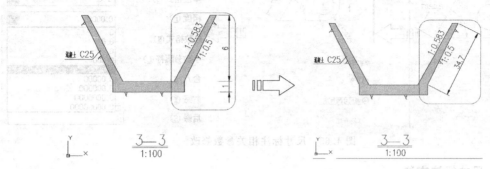

图 4.67　对齐尺寸标注样式

（3）坐标尺寸标注　坐标尺寸标注是指所标注是图形对象的 X 或 Y 坐标，其 AutoCAD 功能命令是 DIMORDINATE。坐标标注沿一条简单的引线显示部件的 X 或 Y 坐标。这些

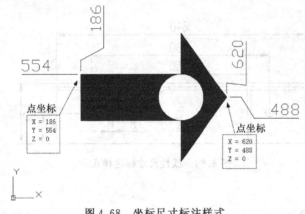

图 4.68　坐标尺寸标注样式

标注也称为基准标注。AutoCAD 使用当前用户坐标系（UCS）确定测量的 X 或 Y 坐标，并且沿与当前 UCS 轴正交的方向绘制引线。按照通行的坐标标注标准，采用绝对坐标值。启动 DI-MORDINATE 命令可以通过以下 3 种方式。

■ 打开【标注】下拉菜单，选择其中的【坐标】命令选项。

■ 单击标注工具栏上的坐标命令功能图标。

■ 在"命令："命令行提示符下输入 DIMORDINATE 并回车。

以在命令行启动 DIMORDINATE 为例，坐标尺寸标注的使用方法如下所述，如图 4.68 所示。

命令：DIMORDINATE

指定点坐标：

指定引线端点或［X 基准（X)/Y 基准（Y)/多行文字（M)/文字（T)/角度（A)］：

标注文字 ＝620

（4）半径尺寸标注　半径标注由一条具有指向圆或圆弧带箭头的半径尺寸线组成。如果 DIMCEN 系统变量未设置为零，AutoCAD 将绘制一个圆心标记。其 AutoCAD 功能命令是 DIMRADIUS。DIMRADIUS 根据圆或圆弧的大小、"新建标注样式"、"修改标注样式"和"替代当前样式"对话框中的选项以及光标的位置绘制不同类型的半径标注。对于水平标注文字，如果半径尺寸线的角度大于水平 15°，AutoCAD 将在标注文字前一个箭头长处绘制一条钩线，也称为弯钩或着陆。AutoCAD 测量此半径并显示前面带一个字母 R 的标注文字。启动 DIMRADIUS 命令可以通过以下 3 种方式。

■ 打开【标注】下拉菜单，选择其中的【半径】命令选项。

■ 单击标注工具栏上的半径 S 命令功能图标。
■ 在"命令："命令行提示符下输入 DIMRADIUS 并回车。
以在命令行启动 DIMRADIUS 为例，半径尺寸标注的使用方法如下所述，如图 4.69 所示。

命令：DIMRADIUS
选择圆弧或圆：
标注文字 = 2.5
指定尺寸线位置或 [多行文字（M）/文字（T）/角度（A）]：

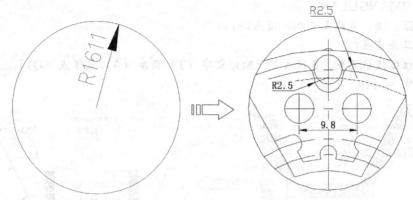

图 4.69　半径尺寸标注样式

(5) 直径尺寸标注　直径尺寸标注是根据圆和圆弧的大小、标注样式的选项设置以及光标的位置来绘制不同类型的直径标注。标注样式控制圆心标记和中心线。当尺寸线画在圆弧或圆内部时，AutoCAD 不绘制圆心标记或中心线。其 AutoCAD 功能命令是 DIMDIAMETER。对于水平标注文字，如果直径线的角度大于水平 15°并且在圆或圆弧的外面，那么 AutoCAD 将在标注文字旁边绘制一条一个箭头长的钩线。
启动 DIMDIAMETER 命令可以通过以下 3 种方式。
■ 打开【标注】下拉菜单，选择其中的【直径】命令选项。
■ 单击标注工具栏上的直径命令功能图标。
■ 在"命令："命令行提示符下输入 DIMDIAMETER 并回车。
以在命令行启动 DIMDIAMETER 为例，直径尺寸标注的使用方法如下所述，如图 4.70 所示。

命令：DIMDIAMETER
选择圆弧或圆：
标注文字 = 4.9
指定尺寸线位置或 [多行文字（M）/文字（T）/角度（A）]：

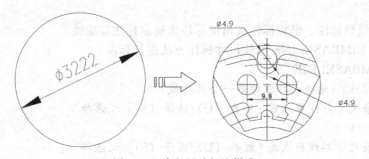

图 4.70　直径尺寸标注样式

（6）角度尺寸标注　角度尺寸标注是根据两条以上的图形对象构成的角度进行标注。其 AutoCAD 功能命令是 DIMANGULAR。启动 DIMANGULAR 命令可以通过以下 3 种方式。

■ 打开【标注】下拉菜单，选择其中的【角度】命令选项。

■ 单击标注工具栏上的角度命令功能图标。

■ 在"命令："命令行提示符下输入 DIMANGULAR 并回车。

以在命令行启动 DIMANGULAR 为例，角度尺寸标注的使用方法如下所述，如图 4.71 所示。

命令：DIMANGULAR

选择圆弧、圆、直线或＜指定顶点＞：

选择第二条直线：

指定标注弧线位置或［多行文字（M）/文字（T）/角度（A）/象限点（Q）］：

标注文字 = 119

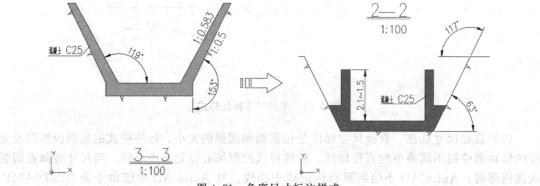

图 4.71　角度尺寸标注样式

（7）基线尺寸标注　基线尺寸标注是指创建自相同基线测量的一系列相关标注，其 AutoCAD 功能命令为 DIMBASELINE。AutoCAD 使用基线增量值偏移每一条新的尺寸线并避免覆盖上一条尺寸线。基线增量值在"新建标注样式"、"修改标注样式"和"替代标注样式"对话框的"直线和箭头"选项卡上的基线间距指定。如果在当前任务中未创建标注，AutoCAD 将提示用户选择线性标注、坐标标注或角度标注，以用作基线标注的基准。一般情况下，在进行标注前，需使用线性标注、坐标标注或角度标注来确定标注基准线。

启动 DIMBASELINE 命令可以通过以下 3 种方式。

■ 打开【标注】下拉菜单，选择其中的【基线】命令选项。

■ 单击标注工具栏上的基线标注命令功能图标。

■ 在"命令："命令行提示符下输入 DIMBASELINE 并回车。

以在命令行启动 DIMBASELINE 为例，基线尺寸标注的使用方法如下所述，如图 4.72 所示。

① 先使用线性标注、坐标标注或角度标注来确定标注基准线。

② 再使用 DIMBASELINE 基线尺寸标注方法进行标注。

命令：DIMBASELINE

选择基准标注：（选择已标注的第一个尺寸线）

指定第二条尺寸界线原点或［放弃（U）/选择（S）］＜选择＞：

标注文字 =4

指定第二条尺寸界线原点或［放弃（U）/选择（S）］＜选择＞：

标注文字 =10

指定第二条尺寸界线原点或［放弃（U）/选择（S）］＜选择＞：
……

选择基准标注：

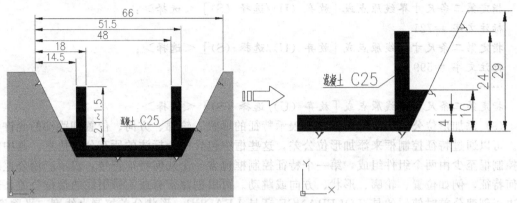

图 4.72　基线尺寸标注样式

（8）连续尺寸标注　连续尺寸标注是指绘制一系列相关的尺寸标注，例如添加到整个尺寸标注系统中的一些短尺寸标注。连续标注也称为链式标注，其 AutoCAD 功能命令为 DIMCONTINUE。创建线性连续标注时，第一条尺寸界线将被禁止，并且文字位置和箭头可能会包含引线。这种情况作为连续标注的替代而出现（DIMSE1 系统变量打开，DIMT-MOVE 系统变量为 1 时）。如果在当前任务中未创建标注，AutoCAD 将提示用户选择线性标注、坐标标注或角度标注，以用作连续标注的基准。一般情况下，在进行标注前，需使用线性标注、坐标标注或角度标注来确定标注基准线。

启动 DIMCONTINUE 命令可以通过以下 3 种方式。

■ 打开【标注】下拉菜单，选择其中的【连续】命令选项。

■ 单击标注工具栏上的标注连续命令功能图标。

■ 在"命令："命令行提示符下输入 DIMCONTINUE 并回车。

以在命令行启动 DIMCONTINUE 为例，连续尺寸标注的使用方法如下所述，如图 4.73 所示。

① 先使用线性标注、坐标标注或角度标注来确定标注基准线。

② 再使用 DIMCONTINUE 连续尺寸标注方法进行标注。

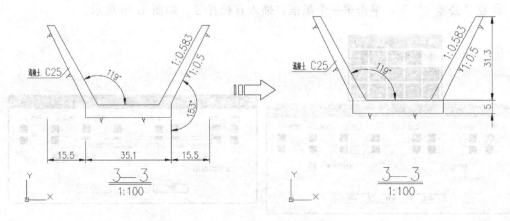

图 4.73　连续尺寸标注样式

命令：DIMCONTINUE

指定第二条尺寸界线原点或［放弃（U）/选择（S）］＜选择＞

标注文字 ＝100

指定第二条尺寸界线原点或［放弃（U）/选择（S）］＜选择＞：

标注文字 ＝721

指定第二条尺寸界线原点或［放弃（U）/选择（S）］＜选择＞：

标注文字 ＝599

……

指定第二条尺寸界线原点或［放弃（U）/选择（S）］＜选择＞：

（9）添加形位公差标注　形位公差表示特征的形状、轮廓、方向、位置和跳动的允许偏差。可以通过特征控制框来添加形位公差，这些框中包含单个标注的所有公差信息。其中特征控制框至少由两个组件组成，第一个特征控制框包含一个几何特征符号，表示应用公差的几何特征，例如位置、轮廓、形状、方向或跳动。可以创建带有或不带引线的形位公差，这取决于创建公差时使用的是 TOLERANCE 还是 LEADER。形状公差控制直线度、平面度、圆度和圆柱度；轮廓控制直线和表面。可以使用大多数编辑命令更改特性控制框、可以使用对象捕捉模式对其进行捕捉，还可以使用夹点编辑它们，如图 4.74 所示。

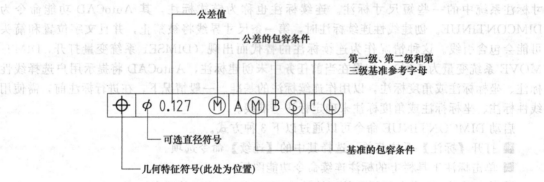

图 4.74　形位公差示意

创建形位公差的步骤如下：

① 依次单击"标注（N）"下拉菜单选择"公差（T）"。

② 在弹出的"形位公差"对话框中，单击"符号"对话框中的第一个矩形，然后在弹出的"特征符号"对话框中选择一个插入符号。如图 4.75 所示。

③ 在"公差 1"下，单击第一个黑框，插入直径符号。如图 4.76 所示。

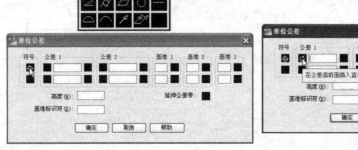

图 4.75　"特征符号"对话框

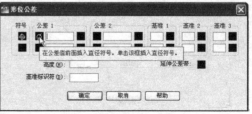

图 4.76　插入直径符号

④ 在文字框中，输入第一个公差值。如图 4.77 所示。

⑤ 要添加包容条件（可选），单击第二个黑框，然后单击"包容条件"对话框中的符号以进行插入。如图 4.77 所示。

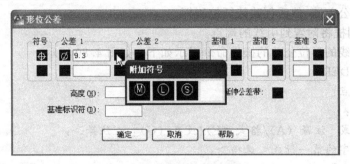

图 4.77　输入第一个公差值

⑥ 在"形位公差"对话框中，加入第二个公差值（可选并且与加入第一个公差值方式相同）。如图 4.78 所示。

⑦ 在"基准 1"、"基准 2"和"基准 3"下输入基准参考字母。

⑧ 单击黑框，为每个基准参考插入包容条件符号。

⑨ 在"高度"框中输入高度。

⑩ 单击"投影公差带"方框，插入符号。

⑪ 在"基准标识符"框中，添加一个基准值。

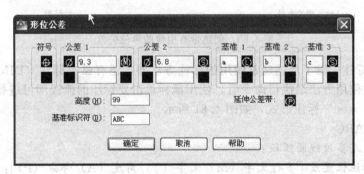

图 4.78　加入第二个公差值等

⑫ 单击"确定"。

⑬ 在图形中，指定特征控制框的位置。如图 4.79 所示。

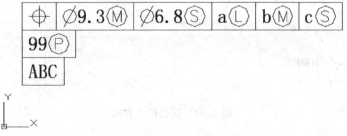

图 4.79　标注特征控制框

创建带有引线的形位公差的步骤如下，如图 4.80 所示：

① 在命令提示下，输入"leader"或"LEADER"。

② 指定引线的起点。

③ 指定引线的第二点。

④ 按两次 Enter 键以显示"注释"选项。

⑤ 输入 t（公差），然后创建特征控制框。

⑥ 特征控制框将附着到引线的端点。

创建带有引线的形位公差的操作命令提示如下，如图 4.80 所示。

命令：LEADER

指定引线起点：

指定下一点：

指定下一点或［注释（A）/格式（F）/放弃（U）］＜注释＞：

输入注释文字的第一行或＜选项＞：

输入注释选项［公差（T）/副本（C）/块（B）/无（N）/多行文字（M）］＜多行文字＞：T

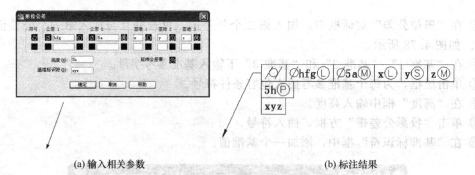

(a) 输入相关参数   (b) 标注结果

图 4.80 创建带有引线的形位公差

（10）弧长标注 除了前述经常使用的标注方法外，还有弧长标注（DIMARC）等标注方法。弧长标注使用方法是执行命令后，使用鼠标单击要标注的弧线即可进行标注。弧线尺寸显示为"⌒＊＊＊"标注形式，如图 4.81 所示。

命令：DIMARC

选择弧线段或多段线圆弧段：

指定弧长标注位置或［多行文字（M）/文字（T）/角度（A）/部分（P）］：

标注文字 ＝ 27.55

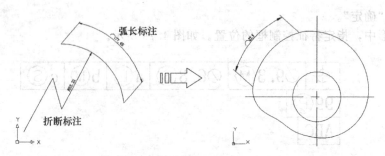

图 4.81 弧长标注方式

4.4.3 文字和尺寸编辑与修改方法

与其他图形对象一样，AutoCAD 同样提供了对文字和尺寸的编辑与修改功能。

4.4.3.1　文字编辑与修改方法

除了可以使用移动、复制、删除、旋转和镜像等基本的编辑与修改方法外，文字对象的编辑与修改方法还包括修改其内容、高度、字体和特性等。AutoCAD 提供了如下几种对文字的编辑与修改方法。

（1）修改文字内容　修改文字内容是最为基本的文字编辑与修改功能。其 AutoCAD 功能命令为 DDEDIT。启动 DDEDIT 命令可以通过以下 3 种方式。

■ 打开【修改】下拉菜单，在【对象】子菜单中选择【文字】命令选项中的编辑。

■ 在"命令："命令行提示符下输入 DDEDIT 并回车。

■ 单击文字，再单击右键，屏幕将出现快捷菜单，选择"特性"选项，弹出的对话框中展开"文字"选项，直接单击其内容，输入新文字，可以进入修改文字。如图 4.82 所示。

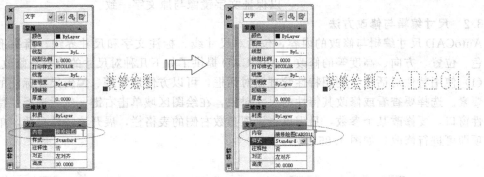

图 4.82　修改文字窗口

（2）修改文字特性　修改文字特性是指对文字的内容、颜色、插入点、样式和对齐方式等相关性质参数进行修改。其 AutoCAD 功能命令为 PROPERTIES。启动 PROPERTIES 命令可以通过以下 3 种方式。

■ 打开【修改】下拉菜单，选择【特性】命令选项。

■ 单击标准工具栏上的特性命令功能图标。

■ 使用快捷菜单：选择要查看或修改其特性的对象，在绘图区域单击右键，然后选择"特性"。或者，可以在大多数对象上双击以显示"特性"窗口。在特性对话框中可以对文字的高度、字体、颜色等各种特性参数进行修改，如图 4.83 所示。

（3）文字编辑系统变量　AutoCAD 控制文字镜像后效果的系统变量为 MIRRTEXT。

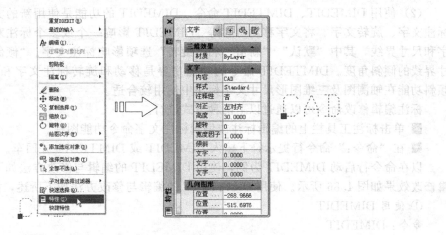

图 4.83　修改文字特性窗口

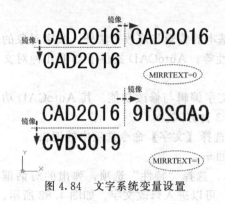

图 4.84　文字系统变量设置

在进行文字镜像（MIRROR）时，若系统变量 MIR-RTEXT 设置不正确，将使文字倒置。当 MIRRTEXT＝0 时，文字镜像后的效果与原文字一致；当 MIRRTEXT＝1 时，文字镜像后将倒置，如图 4.84 所示。改变系统变量为 MIRRTEXT 的值可以通过如下方法。

命令：MIRRTEXT（设置新的系统变量）

输入 MIRRTEXT 的新值＜0＞：1（输入新的系统变量数值）

设置 MIRRTEXT＝0 后，再进行文字操作，可以保证文字镜像与原文字一致。

4.4.3.2　尺寸编辑与修改方法

AutoCAD 尺寸编辑与修改的内容，包括对尺寸线、标注文字和尺寸界线、箭头形式等的颜色、位置、方向、高度等的修改。AutoCAD 提供了如下几种对尺寸的编辑与修改方法。

（1）使用特性对话框　利用特性管理器对话框，可以方便地管理、编辑尺寸标注的各个组成要素。选择要查看或修改其特性的尺寸对象，在绘图区域单击右键，然后选择"特性"。在特性窗口，要修改某个参数，只需单击该项参数右侧的表格栏，展开该特性参数，单击参数选项即可进行修改。如图 4.85 所示。

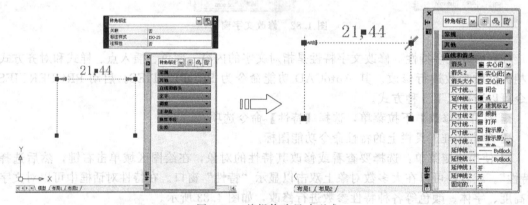

图 4.85　编辑修改尺寸型式

（2）使用 DIMEDIT、DIMTEDIT 命令　DIMEDIT 的功能是使用新的文字替换现有的标注文字、旋转文字、将文字移动位置等。DIMEDIT 影响一个或多个标注对象上的标注文字和尺寸界线，其中"默认"、"新值"和"旋转"选项影响标注文字。"倾斜"选项控制尺寸界线的倾斜角度。DIMTEDIT 命令的功能主要是移动和旋转标注文字和对正标注文字。倾斜功能在轴测图及三维图形尺寸文字标注中使用较合适。

标注编辑修改命令可以通过以下两种方式进行。

■ 单击标注工具栏上的编辑标注或编辑标注文字命令功能图标。

■ 在"命令："命令行提示符下输入 DIMEDIT 或 DIMTEDIT 并回车。

以在命令行启动 DIMEDIT 为例，使用 DIMEDIT 的编辑与修改方法如下所述，各种编辑修改效果如图 4.86 所示。使用 DIMTEDIT 的编辑与修改方法如下所述，如图 4.87 所示。

① 使用 DIMEDIT

命令：DIMEDIT

输入标注编辑类型［默认（H）/新建（N）/旋转（R）/倾斜（O）］＜默认＞：O

选择对象：找到 1 个

选择对象：

输入倾斜角度（按 ENTER 表示无）：35

其中上述相关命令选项含义如下：

默认（H）——将旋转标注文字移回默认位置。选中的标注文字移回到由标注样式指定的默认位置和旋转角。

新建（N）——使用多行文字编辑器修改标注文字并进行替换。

旋转（R）——旋转标注文字

倾斜（O）——调整线性标注尺寸界线的倾斜角度。AutoCAD 创建尺寸界线与尺寸线方向垂直的线性标注。当尺寸界线与图形的其他部件冲突时，"倾斜"选项将很有用处。

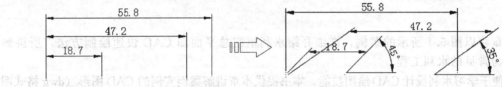

图 4.86　编辑标注（倾斜等）

② 使用 DIMTEDIT

命令：DIMTEDIT

选择标注：

为标注文字指定新位置或 [左对齐（L)/右对齐（R)/居中（C)/默认（H)/角度（A)]：L

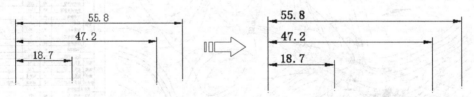

图 4.87　DIMTEDIT 编辑标注（左对齐）

第5章 水利枢纽总平面图CAD快速绘制

Chapter 05

本章将以图 5.1 所示的案例，详细介绍水利枢纽总平面图 CAD 快速绘制方法，所讲解的实例为常见的水利工程。

为便于学习水利设计 CAD 绘图技能，本书提供本章讲解案例实例的 CAD 图形（dwg 格式图形文件）供学习使用。读者连接互联网后可以登录到如下地址下载，图形文件仅供学习参考。

百度网盘（下载地址为：http://pan.baidu.com/s/1hqCkeIo）

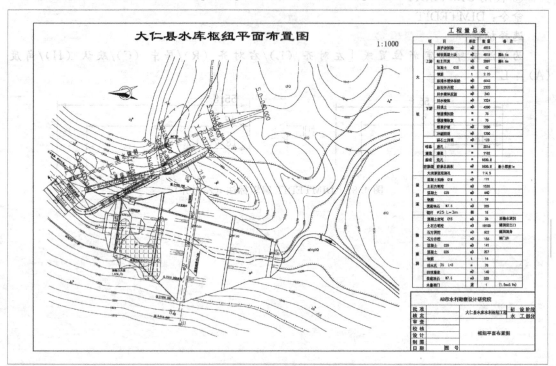

图 5.1　某水利枢纽总平面图

5.1　水利枢纽总平面地形图 CAD 快速绘制

本节案例以某水利枢纽总平面地形图为例，讲解其 CAD 快速绘制方法。

（1）绘制现状地形图。

　　操作方法：该现状地形图由勘察测量单位测绘确定并提供，一般不需重新绘制。打开后文字进行适当调整直接使用。

　　操作命令：OPEN、SAVEAS 等。

　　操作示意：图 5.2。

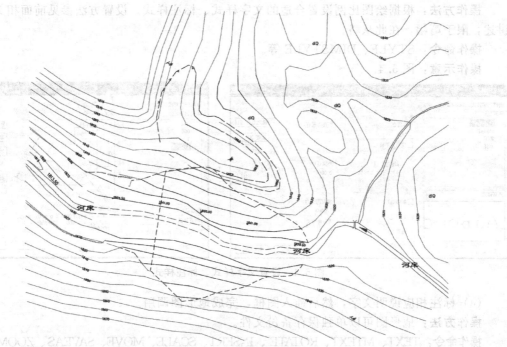

图 5.2　调用现状地形图

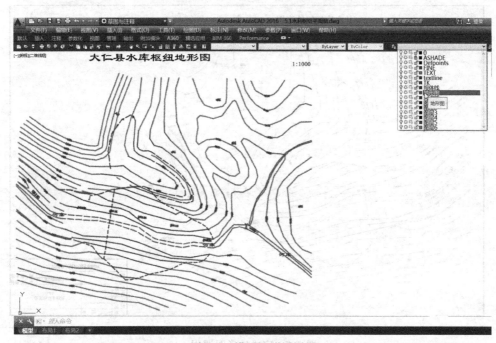

图 5.3　设置地形图图层

（2）将地形图设置在独立的图层。

操作方法：使用 LAYER 功能命令建立新图层，命名为"地形图"。然后选择所有地形图，再单击工具栏中的"地形图"图层，即可将地形图置于图层中。

操作命令：LAYER、ZOOM、PAN、SAVE 等。

操作示意：图 5.3。

（3）设置文字样式、标注样式。

操作方法：根据绘图比例设置合适的文字样式、标注样式。设置方法参见前面相关章节讲述，限于篇幅，在此从略。

操作命令：STYLE、DIMSTYLE 等。

操作示意：图 5.4。

图 5.4　设置文字样式、标注样式

（4）标注相应说明文字，然后插入图框，完成地形图调用。

操作方法：地形图可以单独保存备份文件。

操作命令：TEXT、MTEXT、ROTATE、INSERT、SCALE、MOVE、SAVEAS、ZOOM 等。

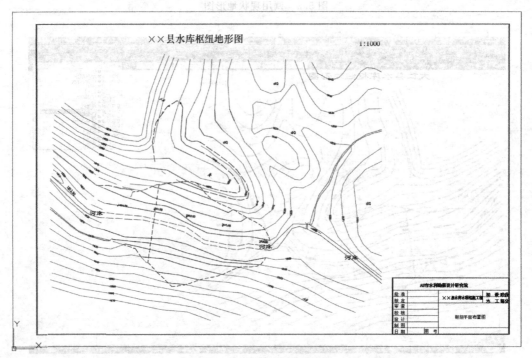

图 5.5　完成地形图调用

命令：ZOOM

指定窗口的角点，输入比例因子（nX 或 nXP），或者

[全部（A）/中心（C）/动态（D）/范围（E）/上一个（P）/比例（S）/窗口（W）/对象（O）] <实时>：

按 Esc 或 Enter 键退出，或单击右键显示快捷菜单。

操作示意：图 5.5。

5.2　水利枢纽总平面的坝体轮廓 CAD 快速绘制

本节案例以某水利枢纽总平面图为例，讲解其 CAD 快速绘制方法。

（1）绘制大坝定位轴线。

操作方法：根据设计确定的位置进行大坝轴线点坐标绘制。

操作命令：LINE、ZOOM、PAN、TRIM、STRETCH 等。

命令：LINE

指定第一个点：1308.58，130.88

指定下一点或 [放弃（U）]：1337.35，317.86

指定下一点或 [放弃（U）]：

操作示意：图 5.6。

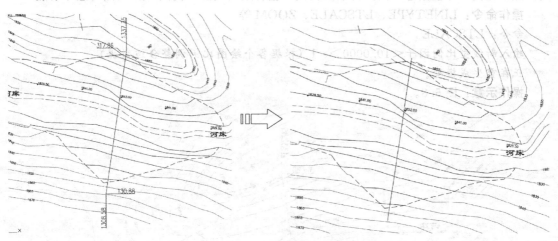

图 5.6　绘制大坝轴线

（2）绘制水平或数值直线，然后旋转一定角度，再移动到指定位置即可。

操作方法：根据设计确定大坝长度绘制水平线。

操作命令：LINE、PLINE、ROTATE、LENGTHEN、MOVE 等。

命令：ROTATE

UCS 当前的正角方向：ANGDIR=逆时针　ANGBASE=0

选择对象：找到 1 个

选择对象：

指定基点：

指定旋转角度，或 [复制（C）/参照（R）] <0>：81

操作示意：图 5.7。

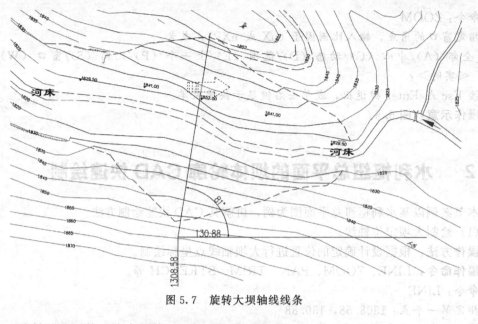

图 5.7　旋转大坝轴线线条

（3）将轴线线型修改为点划线。

操作方法：使用 LINETYPE 功能命令进行修改，若显示不对，使用 LTSCALE 设置合适的显示比例，即根据总平面图的绘图比例调整合适新线型比例因子。

操作命令：LINETYPE、LTSCALE、ZOOM 等。

命令：LTSCALE

输入新线型比例因子<10.0000>：1（根据各个绘图比例调整合适数据）

正在重生成模型。

操作示意：图 5.8。

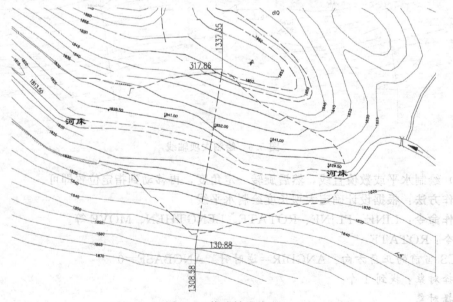

图 5.8　修改轴线线型

（4）绘制大坝顶部轮廓线。

操作方法：按大坝顶部轮廓宽度，通过偏移功能命令快速得到。

操作命令 OFFSET 等。

命令：OFFSET

当前设置：删除源＝否　　图层＝源　　OFFSETGAPTYPE＝0

指定偏移距离或［通过（T）/删除（E）/图层（L）］＜通过＞：5.47

选择要偏移的对象，或［退出（E）/放弃（U）］＜退出＞：

指定要偏移的那一侧上的点，或［退出（E）/多个（M）/放弃（U）］＜退出＞：

选择要偏移的对象，或［退出（E）/放弃（U）］＜退出＞：

操作示意：图 5.9。

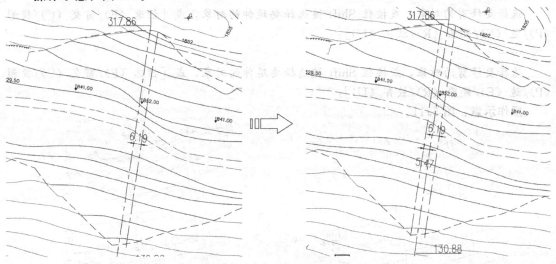

图 5.9　绘制大坝顶部轮廓线

（5）将偏移得到的大坝顶部轮廓线线型修改为实线。

操作方法：先选择线条，然后单击"特性"工具栏中的线型下拉栏，选择"CONTIN-UE"线型即可。

操作命令：对话框操作。

操作示意：图 5.10。

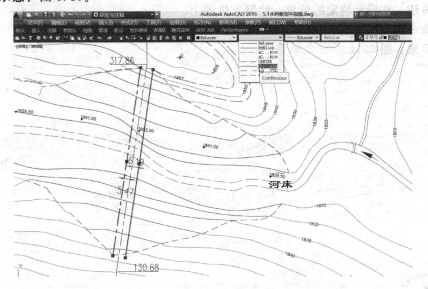

图 5.10　顶部轮廓线线型修改为实线

（6）绘制大坝上游坝址最近处一道轮廓造型。

操作方法：按设计确定的位置及宽度大小，通过偏移快速定位，然后继续剪切。

操作命令：PLINE、MOVE、TRIM、LAYER、LINE 等。

命令：TRIM

当前设置：投影＝UCS，边＝无

选择剪切边…

选择对象或＜全部选择＞：找到 1 个

选择对象：

选择要修剪的对象，或按住 Shift 键选择要延伸的对象，或［栏选（F）/窗交（C）/投影（P）/边（E）/删除（R）/放弃（U）］：

……

选择要修剪的对象，或按住 Shift 键选择要延伸的对象，或［栏选（F）/窗交（C）/投影（P）/边（E）/删除（R）/放弃（U）］：

操作示意：图 5.11。

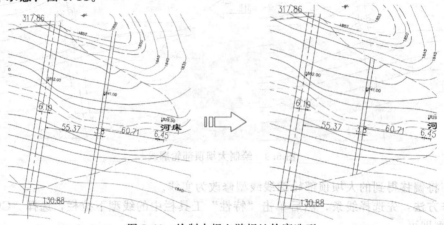

图 5.11　绘制大坝上游坝址轮廓造型

（7）绘制上游坝址其他轮廓线。

操作方法：按设计确定的位置，绘制方法同上。

操作命令：LINE、OFFSET、MOVE、TRIM 等。

操作示意：图 5.12。

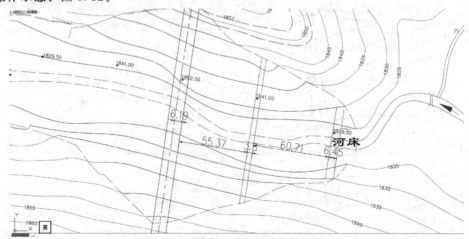

图 5.12　绘制上游坝址其他轮廓线

（8）绘制下游坝址其他轮廓线。

操作方法：绘制方法同上游轮廓线，其绘制具体过程在此从略。

操作命令：ZOOM、LINE、OFFSET、TRIM 等。

操作示意：图 5.13。

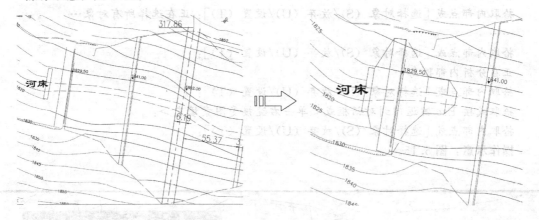

图 5.13　绘制下游坝址轮廓线

（9）绘制大坝其他设施造型。

操作方法：包括泄洪口或溢流槽等。

操作命令：POLYGON、ROTATE、LINE、MOVE、ZOOM 等。

命令：POLYGON

输入侧面数＜4＞：4

指定正多边形的中心点或［边（E）］：

输入选项［内接于圆（I）/外切于圆（C）］＜I＞：

指定圆的半径：

操作示意：图 5.14。

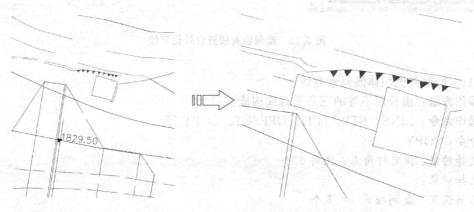

图 5.14　绘制大坝其他设施造型

（10）绘制检查栈道台阶轮廓线。

操作方法：先绘制两条平行线，然后填充平行线，注意填充比例。

操作命令：LINE、OFFSET、TRIM、EXTEND、MOVE、HATCH 等。

命令：HATCH

拾取内部点或［选择对象（S）/放弃（U）/设置（T）］：正在选择所有对象…

正在选择所有可见对象…

正在分析所选数据…

正在分析内部孤岛…

拾取内部点或［选择对象（S）/放弃（U）/设置（T）］：正在选择所有对象…

……

拾取内部点或［选择对象（S）/放弃（U）/设置（T）］：

正在分析内部孤岛…

拾取内部点或［选择对象（S）/放弃（U）/设置（T）］：T

拾取或按 Esc 键返回到对话框或＜单击右键接受图案填充＞：

拾取内部点或［选择对象（S）/放弃（U）/设置（T）］：

操作示意：图 5.15。

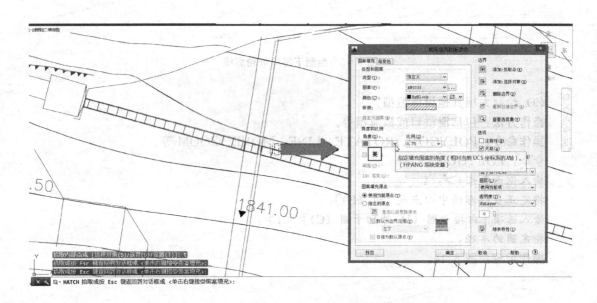

图 5.15　绘制检查栈道台阶轮廓线

（11）绘制两侧坝体倾斜示意线。

操作方法：由长度不等的三条平行线构成。

操作命令：LINE、STRETCH、OFFSET、COPY 等。

命令：COPY

选择对象：指定对角点：找到 3 个

选择对象：

当前设置：复制模式 = 多个

指定基点或［位移（D）/模式（O）］＜位移＞：

指定第二个点或［阵列（A）］＜使用第一个点作为位移＞：

指定第二个点或［阵列（A）/退出（E）/放弃（U）］＜退出＞：

……

指定第二个点或［阵列（A）/退出（E）/放弃（U）］＜退出＞：

操作示意：图 5.16。

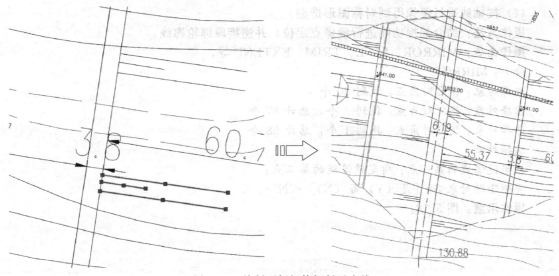

图 5.16　绘制两侧坝体倾斜示意线

5.3　水利枢纽溢洪道等设施 CAD 快速绘制

本节案例以某水利枢纽总平面图中的溢洪道设施为例，讲解其 CAD 快速绘制方法。

（1）绘制溢洪道开始段轮廓。

操作方法：先绘制轴线，然后偏移生成边轮廓线。绘制方法可参考大坝坝顶轮廓线绘制方法。

操作命令：PLINE、LINE、OFFSET、MOVE、ROTATE 等。

命令：OFFSET

当前设置：删除源＝否　图层＝源　OFFSETGAPTYPE＝0

指定偏移距离或 ［通过（T）/删除（E）/图层（L）］＜通过＞：

选择要偏移的对象，或 ［退出（E）/放弃（U）］＜退出＞：

……

指定通过点或 ［退出（E）/多个（M）/放弃（U）］＜退出＞：

选择要偏移的对象，或 ［退出（E）/放弃（U）］＜退出＞：（回车）

操作示意：图 5.17。

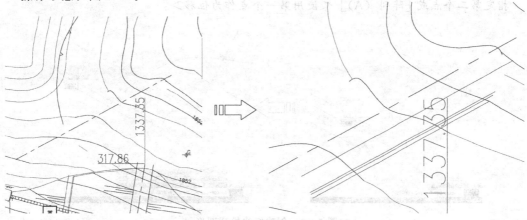

图 5.17　绘制溢洪道开始段轮廓

（2）按轴线进行镜像得到对称图形造型。

操作方法：结合捕捉功能进行镜像点定位，并连接段部轮廓线。

操作命令：MIRROR、LINE、TRIM、EXTEND 等。

命令：MIRROR

选择对象：指定对角点：找到 80 个

选择对象：指定对角点：找到 7 个，总计 87 个

选择对象：指定对角点：找到 1 个，总计 88 个

选择对象：

指定镜像线的第一点：指定镜像线的第二点：

要删除源对象吗？［是（Y）/否（N）］＜N＞：N

操作示意：图 5.18。

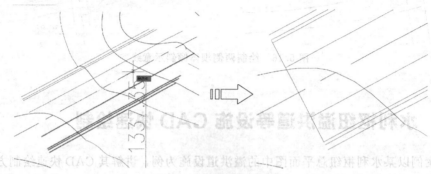

图 5.18　按轴线进行镜像

（3）创建短线排列图形。

操作方法：短线与轮廓线内侧垂直，使用"垂足"捕捉功能进行绘制。然后进行等间距复制得到短线排列轮廓造型。

操作命令：LINE、COPY 等。

命令：COPY

当前设置：复制模式 = 多个

选择对象：找到 1 个

选择对象：

指定基点或［位移（D）/模式（O）］＜位移＞：

指定第二个点或［阵列（A）］＜使用第一个点作为位移＞：

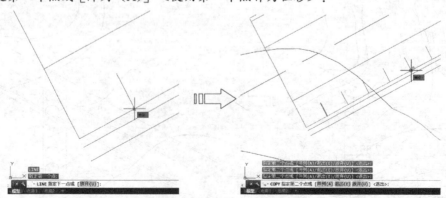

图 5.19　创建短线排列图形

指定第二个点或 [阵列 (A)/退出 (E)/放弃 (U)] <退出>:
……
指定第二个点或 [阵列 (A)/退出 (E)/放弃 (U)] <退出>:

操作示意：图 5.19。

（4）进行镜像得到对称短线排列轮廓线。

操作方法：也可以通过复制功能进行绘制。

操作命令：MIRROR、COPY 等。

操作示意：图 5.20。

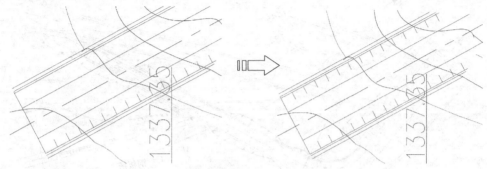

图 5.20 镜像得到对称短线排列轮廓线

（5）继续进行溢洪道其他位置轮廓线绘制。

操作方法：绘制方法与前述相同。

操作命令：LINE、OFFSET、TRIM、MOVE、MIRROR、ARC 等。

操作示意：图 5.21。

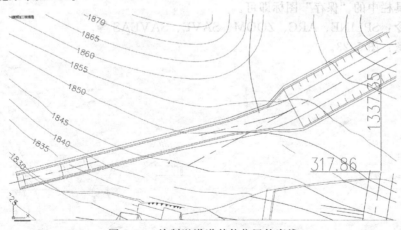

图 5.21 绘制溢洪道其他位置轮廓线

（6）按前述方法绘制其他水利枢纽的设施造型轮廓线。

操作方法：根据设计需要确定各个设施的位置及大小等。

操作命令：PLINE、OFFSET、LINE、TRM、CHAMFER 等。

命令：CHAMFER

（"修剪"模式）当前倒角距离 1 = 10.0000，距离 2 = 10.0000

选择第一条直线或 [放弃 (U)/多段线 (P)/距离 (D)/角度 (A)/修剪 (T)/方式 (E)/多个 (M)]：D

指定 第一个 倒角距离<10.0000>：0

指定　第二个　倒角距离＜0.0000＞：0

选择第一条直线或［放弃（U）/多段线（P）/距离（D）/角度（A）/修剪（T）/方式（E）/多个（M）］：

选择第二条直线，或按住 Shift 键选择直线以应用角点或［距离（D）/角度（A）/方法（M）］：

操作示意：图 5.22。

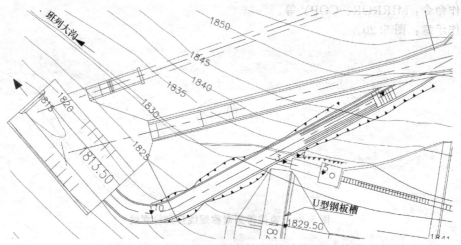

图 5.22　绘制其他水利枢纽的设施造型轮廓线

（7）绘制水位轮廓线。

操作方法：使用 SPLINE 功能命令绘制曲线轮廓。操作过程中要及时保存图形，一般随时单击工具栏中的"保存"图标即可。

操作命令：SPLINE、ARC、ZOOM、SAVE、SAVEAS 等。

操作示意：图 5.23。

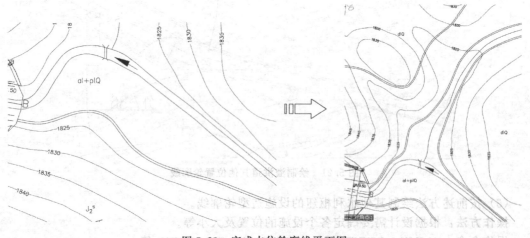

图 5.23　完成水位轮廓线平面图

（8）完成整个水利枢纽平面图形布置。

操作方法：按实际设计内容完成所有图形绘制。

操作命令：LINE、PLINE、STRETCH、ARC、ZOOM、SAVE、SAVEAS 等。

命令：STRETCH

以交叉窗口或交叉多边形选择要拉伸的对象…

选择对象：指定对角点：找到 1 个

选择对象：（回车）

指定基点或［位移（D）］＜位移＞：

指定第二个点或＜使用第一个点作为位移＞：

操作示意：图 5.24

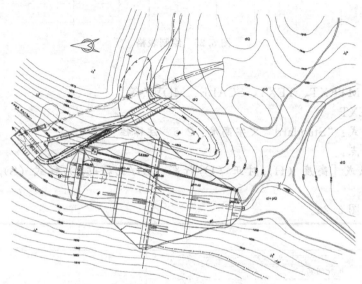

图 5.24　水利枢纽平面图

5.4　水利枢纽 CAD 表格文字等快速绘制

本节案例以某水利枢纽总平面表格文字为例，讲解其 CAD 快速调用绘制方法。

（1）绘制表格。

操作方法：表格轮廓使用 PLINE 绘制粗线，使用 LINE、OFFSET 绘制分隔线。

操作命令：PLINE、LINE、OFFSET、TRIM、CHAMFER、EXTEND、ZOOM 等。

命令：PLINE

指定起点：

当前线宽为 0.0000

指定下一个点或［圆弧（A）/半宽（H）/长度（L）/放弃（U）/宽度（W）］：W

指定起点宽度＜0.0000＞：5

指定端点宽度＜5.0000＞：5

指定下一个点或［圆弧（A）/半宽（H）/长度（L）/放弃（U）/宽度（W）］：

指定下一点或［圆弧（A）/闭合（C）/半宽（H）/长度（L）/放弃（U）/宽度（W）］：

……

指定下一点或［圆弧（A）/闭合（C）/半宽（H）/长度（L）/放弃（U）/宽度（W）］：

操作示意：图 5.25。

（2）标注文字。

操作方法：使用 MTEXT、TEXT 进行文字标注，其大小可以通过缩放 SCALE 进行

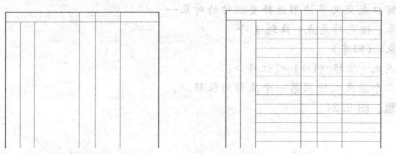

图 5.25　绘制表格

调整。

操作命令：MTEXT、TEXT、SCALE、MOVE 等。

命令：MTEXT

当前文字样式："Standard" 文字高度：2.5　注释性：否

指定第一角点：

指定对角点或 [高度 (H)/对正 (J)/行距 (L)/旋转 (R)/样式 (S)/宽度 (W)/栏 (C)]：

操作示意：图 5.26。

图 5.26　标注文字

(3) 继续绘制其他文字内容。

操作方法：包括水利枢纽总平面图中其他位置文字说明。

操作命令：TEXT、MTEXT、SCALE、MOVE 等。

命令：TEXT

当前文字样式："Standard"　文字高度：6.0000　注释性：否　对正：左

指定文字的起点 或 [对正 (J)/样式 (S)]：

指定高度＜6.0000＞：3

指定文字的旋转角度＜0＞：15 命令：OFFSET

当前设置：删除源＝否　图层＝源　OFFSETGAPTYPE＝0

指定偏移距离或 [通过 (T)/删除 (E)/图层 (L)] ＜通过＞：

选择要偏移的对象，或 [退出 (E)/放弃 (U)] ＜退出＞：

……

指定通过点或 [退出 (E)/多个 (M)/放弃 (U)] ＜退出＞：

选择要偏移的对象，或 [退出 (E)/放弃 (U)] ＜退出＞：(回车)

操作示意：图 5.27。

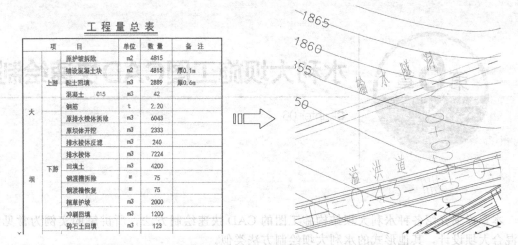

工程量总表

项　目		单位	数量	备注
大 坝	上游	原护坡拆除	m2	4815	
		铺设混凝土块	m2	4815	厚0.1m
		黏土回填	m3	2889	厚0.6m
		混凝土　C15	m3	42	
		钢筋	t	2.20	
	下游	原排水棱体拆除	m3	6043	
		原坝体开挖	m3	2333	
		排水棱体反滤	m3	240	
		排水棱体	m3	7224	
		回填土	m3	4200	
		钢渡槽拆除	m	75	
		钢渡槽恢复	m	75	
		植草护坡	m3	2000	
		冲刷回填	m3	1200	
		异石土回填	m3	123	

图 5.27　绘制其他文字

（4）插入图框，完成水利枢纽总平面图绘制。

操作方法：图框使用已有图形，调整其大小即可。

操作命令：INSERT、SCALE、MOVE 等。

操作示意：图 5.28。

图 5.28　完成枢纽总平面图

水利大坝施工图CAD快速绘制

Chapter 06

本章详细介绍各种水利大坝结构施工图的 CAD 快速绘制方法，所讲解的实例为常见的某混合大坝设计，其他形式的水利大坝绘制方法类似。

为便于学习水利设计 CAD 绘图技能，本书提供本章讲解案例的 CAD 图形（dwg 格式图形文件）供学习使用。读者连接互联网后可以登录到如下地址下载，图形文件仅供学习参考。

百度网盘（下载地址为：http：//pan. baidu. com/s/1jVZFS）

6.1 大坝平面布置图 CAD 快速绘制

本节案例以图 6.1 所示某混合大坝平面布置图为例，讲解其 CAD 快速绘制方法。其他结构形式的大坝平面图绘制方法类似。

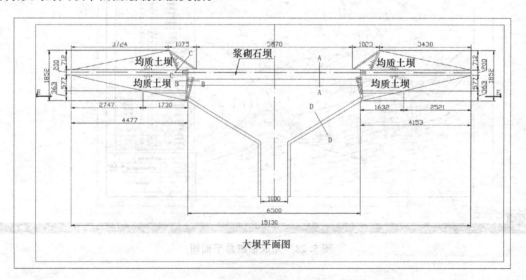

图 6.1 某混合大坝平面图

（1）混合大坝总平面图绘制。

操作方法：参见前面章节所介绍的水利枢纽绘制方法，该混合大坝的总平面图绘制过程在此从略。

操作命令：LINE、PLINE、TRIM、SPLINE、TEXT、MTEXT、SCALE、ROTATE、MOVE 等。

命令：PLINE

指定起点：

当前线宽为 0.0000

指定下一个点或 [圆弧（A）/半宽（H）/长度（L）/放弃（U）/宽度（W）]：W

指定起点宽度 <0.0000>：10

指定端点宽度 <10.0000>：10

指定下一个点或 [圆弧（A）/半宽（H）/长度（L）/放弃（U）/宽度（W）]：

指定下一点或 [圆弧（A）/闭合（C）/半宽（H）/长度（L）/放弃（U）/宽度（W）]：

……

指定下一点或 [圆弧（A）/闭合（C）/半宽（H）/长度（L）/放弃（U）/宽度（W）]：

操作示意：图 6.2。

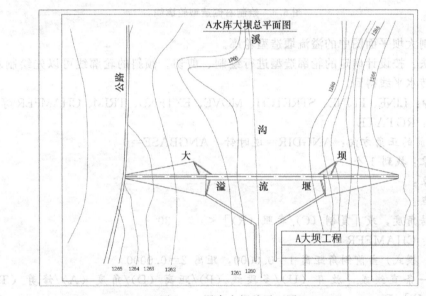

图 6.2　混合大坝总平面图

（2）绘制混合大坝平面图的轴线。

操作方法：从平面图可以看出，该混合大坝呈左右对称，绘制其中一半即可。轴线线型改为点划线，可以使用 LINETYPE 及 LTSCALE 进行线型设置。

操作命令：LINE、PLINE、MOVE、LINETYPE、LTSCALE 等。

命令：LINE

指定第一个点：

指定下一点或 [放弃（U）]：

指定下一点或 [放弃（U）]：

操作示意：图 6.3。

图 6.3　布置幕墙埋件

（3）创建大坝平面右侧造型部分平面轮廓。

操作方法：按设计确定的数值进行绘制，其中平行线可以使用 OFFSET 快速得到。

操作命令：LINE、STRETCH、LENGTHEN、OFFSET 等。

命令：STRETCH

以交叉窗口或交叉多边形选择要拉伸的对象……

选择对象：指定对角点：找到 1 个

选择对象：

指定基点或 [位移 (D)] <位移>：

指定第二个点或<使用第一个点作为位移>：

操作示意：图 6.4。

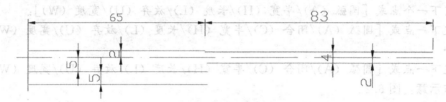

图 6.4　绘制右侧造型轮廓线

(4) 绘制大坝平面图中的溢流堰造型轮廓。

操作方法：按设计确定的轮廓造型进行绘制、剪切。倾斜的轮廓线可以先绘制水平线，然后通过旋转水平线得到。

操作命令：LINE、PLINE、STRETCH、MOVE、EXTEND、TRIM、CHAMFER 等。

■ 命令：ROTATE

UCS 当前的正角方向：ANGDIR＝逆时针　ANGBASE＝0

选择对象：找到 1 个

选择对象：

指定基点：

指定旋转角度，或 [复制 (C)/参照 (R)] <0>：30

■ 命令：CHAMFER

("修剪" 模式) 当前倒角距离 1＝0.0000，距离 2＝0.0000

选择第一条直线或 [放弃 (U)/多段线 (P)/距离 (D)/角度 (A)/修剪 (T)/方式 (E)/多个 (M)]：D

指定第一个倒角距离 <10.0000>：0

指定第二个倒角距离 <10.0000>：0

选择第一条直线或 [放弃 (U)/多段线 (P)/距离 (D)/角度 (A)/修剪 (T)/方式 (E)/多个 (M)]：

选择第二条直线，或按住 Shift 键选择直线以应用角点或 [距离 (D)/角度 (A)/方法 (M)]：

操作示意：图 6.5。

(5) 绘制两侧土坝轮廓造型。

操作方法：根据实际设计确定的尺寸大小进行两侧土坝相关轮廓线绘制。

操作命令：LINE、ROTATE 、MOVE、TRIM、CHAMFER、OFFSET、EXTEND 等。

操作示意：图 6.6。

(6) 绘制两侧土坝细部造型轮廓。

操作方法：细部造型轮廓平行短线通过偏移快速进行绘制，然后绘制剖切线 A-A。

操作命令：LINE、TRIM、STRETCH、MOVE、OFFSET、EXTEND、ROTATE、MTEXT、COPY 等。

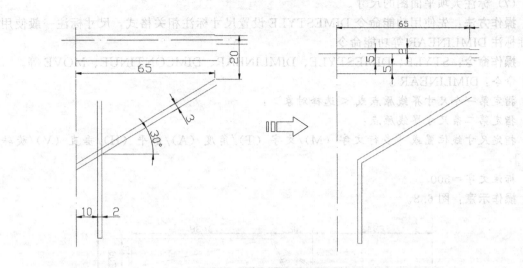

图 6.5　绘制溢流堰造型轮廓

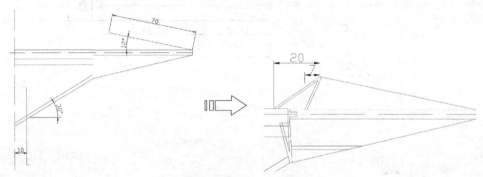

图 6.6　绘制土坝轮廓造型

命令：MTEXT

当前文字样式："Standard"　　文字高度：50　注释性：否

指定第一角点：

指定对角点或［高度（H）/对正（J）/行距（L）/旋转（R）/样式（S）/宽度（W）/栏（C）］：

操作示意：图 6.7。

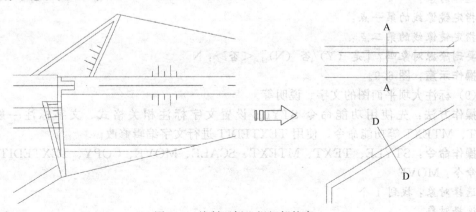

图 6.7　绘制两侧土坝细部轮廓

（7）标注大坝平面图的尺寸。

操作方法：先使用功能命令 DIMESTYLE 设置尺寸标注相关格式，尺寸标注一般使用线性标注 DIMLINEAR 等功能命令。

操作命令：STYLE、DIMESTYLE、DIMLINEAR、DIMCONTINUE、MOVE 等。

命令：DIMLINEAR

指定第一个尺寸界线原点或 ＜选择对象＞：

指定第二条尺寸界线原点：

指定尺寸线位置或 ［多行文字（M）/文字（T）/角度（A）/水平（H）/垂直（V）/旋转（R）］：

标注文字＝500

操作示意：图 6.8。

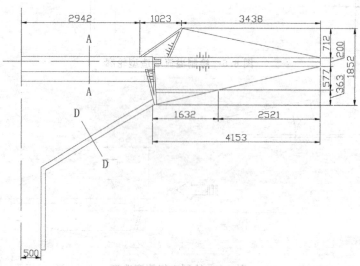

图 6.8　布置大坝平面尺寸

（8）按轴线进行镜像得到对称一侧大坝平面轮廓。

操作方法：因大坝平面左右对称，可以进行镜像，注意镜像时保留源对象输入"N"。

操作命令：MIRROR、MOVE 等。

命令：MIRROR

选择对象：指定对角点：找到 77 个

选择对象：

指定镜像线的第一点：

指定镜像线的第二点：

要删除源对象吗？［是（Y）/否（N）］＜否＞：N

操作示意：图 6.9。

（9）标注大坝平面图的文字、说明等。

操作方法：先使用功能命令 STYLE 设置文字标注相关格式。文字标注一般使用 TEXT、MTEXT 等功能命令，使用 TEXTEDIT 进行文字编辑修改。

操作命令：STYLE、TEXT、MTEXT、SCALE、MOVE、COPY、TEXTEDIT 等。

命令：MOVE

选择对象：找到 1 个

选择对象：

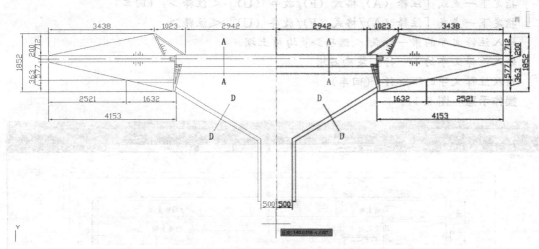

图 6.9　镜像得到大坝对称轮廓

指定基点或［位移（D）］＜位移＞：

指定第二个点或＜使用第一个点作为位移＞：

操作示意：图 6.10。

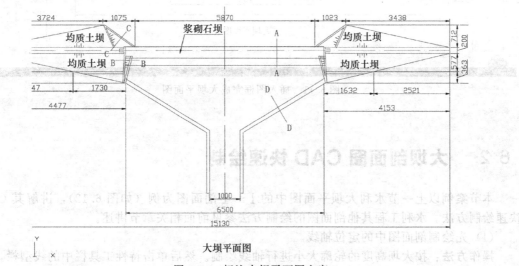

大坝平面图

图 6.10　标注大坝平面图文字

（10）按时间要求标注带引线的说明文字及技术要求说明文字。插入图框，完成某水利大坝平面图绘制。

操作方法：标注带引线的说明使用 LEADER 命令绘制，其他文字则使用 MTEXT 功能命令绘制。文字大小可以使用 SCALE 调整。及时保存图形，可以打印输出图形。

操作命令：LEADER、MOVE、MTEXT、SCALE、MOVE、SAVE、PLOT 等。

命令：LEADER

指定引线起点：

指定下一点：

指定下一点或［注释（A）/格式（F）/放弃（U）］＜注释＞：F

输入引线格式选项［样条曲线（S）/直线（ST）/箭头（A）/无（N）］＜退出＞：A

指定下一点或 [注释（A）/格式（F）/放弃（U）] ＜注释＞：（回车）

指定下一点或 [注释（A）/格式（F）/放弃（U）] ＜注释＞：

输入注释文字的第一行或 ＜选项＞：均质土坝

输入注释文字的下一行：浆砌石坝

输入注释文字的下一行：（回车）

操作示意：图 6.11。

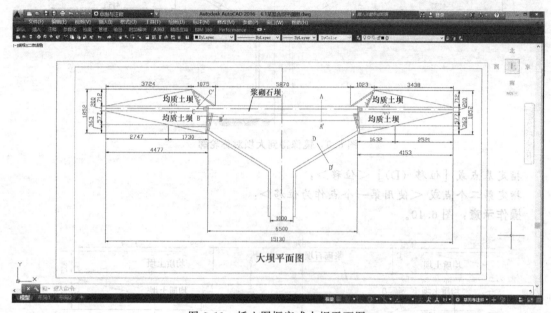

图 6.11　插入图框完成大坝平面图

6.2　大坝剖面图 CAD 快速绘制

本节案例以上一节水利大坝平面图中的Ⅰ—Ⅰ剖面图为例（如图 6.12），讲解其 CAD 快速绘制方法。水利工程其他剖面图的绘制方法参见前面相关章节讲述。

（1）先绘制剖面图中的定位轴线。

操作方法：按大坝高度的轮廓大小进行轴线绘制。然后单击特性工具栏中的线型栏，修改轴线线型为点划线。

操作命令：LINE、PLINE、LENGTHEN、LINETYPE、LTSCALE 等。

命令：LENGTHEN

选择要测量的对象或 [增量（DE）/百分比（P）/总计（T）/动态（DY）] ＜总计（T）＞：

当前长度：65

选择要测量的对象或 [增量（DE）/百分比（P）/总计（T）/动态（DY）] ＜总计（T）＞：DY

选择要修改的对象或 [放弃（U）]：

指定新端点：

选择要修改的对象或 [放弃（U）]：

操作示意：图 6.13。

（2）创建大坝剖面图中底部结构轮廓。

操作方法：先绘制一半的轮廓线，然后使用 CHAMFER、TRIM 等功能命令修改剪切，

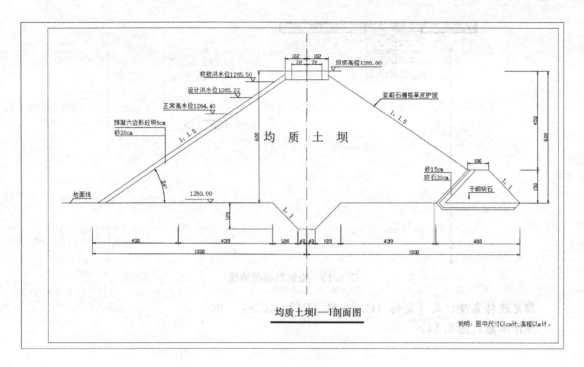

(a) I—I 剖面图

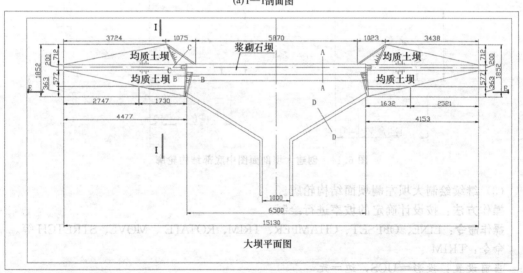

(b) I—I 剖面图位置示意

图 6.12　水利大坝剖面图绘制

再进行镜像即可到达对称一侧图形。

操作命令：LINE、CHAMFER、ROTATE 、STRETCH、LENGTHEN、TRIM、MIRROR 等。

命令：ROTATE

UCS 当前的正角方向：ANGDIR=逆时针　ANGBASE=0

选择对象：找到 1 个

选择对象：

指定基点：

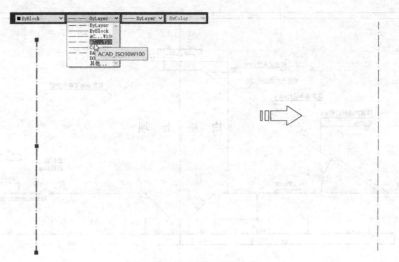

图 6.13　绘制剖面图轴线

指定旋转角度，或［复制（C）/参照（R）］＜0＞：−30
操作示意：图6.14。

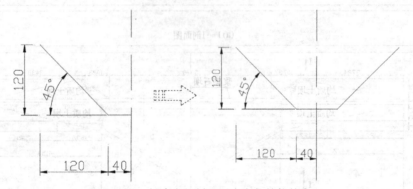

图 6.14　创建大坝剖面图中底部结构轮廓

（3）继续绘制大坝左侧坝面结构轮廓。
操作方法：按设计确定的坡率进行绘制。
操作命令：LINE、OFFSET、CHAMFER、TRIM、ROTATE 、MOVE、STRETCH 等。
命令：TRIM
当前设置：投影＝UCS，边＝无
选择剪切边…
选择对象或＜全部选择＞：找到 1 个
选择对象：（回车）
选择要修剪的对象，或按住 Shift 键选择要延伸的对象，或［栏选（F）/窗交（C）/投影
（P）/边（E）/删除（R）/放弃（U）］：
选择要修剪的对象，或按住 Shift 键选择要延伸的对象，或［栏选（F）/窗交（C）/投影
（P）/边（E）/删除（R）/放弃（U）］：（回车）
操作示意：图6.15。
（4）绘制大坝右侧坝面结构轮廓。
操作方法：按左侧绘制方法进行其轮廓绘制。

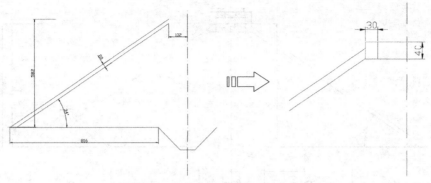

图 6.15　继续绘制左侧坝面结构轮廓

操作命令：LINE、PLINE、CHAMFER、ROTATE 、TRIM、MIRROR、OFFSET 等。
操作示意：图 6.16。

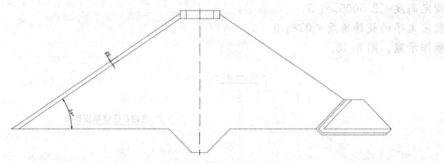

图 6.16　绘制右侧坝面结构轮廓线

（5）标注大坝剖面图的尺寸等。

操作方法：先使用 DIMSTYLE 设置标注样式，然后标注尺寸。尺寸标注根据设计需要进行标注。

操作命令：DIMSTYLE、MOVE、LEADER、DIMANGULAR、DIMLINEAR、DIMALIGNED、MIRROR 等。

命令：DIMANGULAR

选择圆弧、圆、直线或＜指定顶点＞：

选择第二条直线：

指定标注弧线位置或 ［多行文字（M）/文字（T）/角度（A）/象限点（Q）］：

标注文字＝34

操作示意：图 6.17。

（6）标注大坝剖面图的文字等。

操作方法：先使用 STYLE 设置文字样式，然后标注文字。文字标注根据设计需要进行标注。

操作命令：STYLE、MTEXT、TEXT、SCALE、MOVE、LEADER、PLINE 等。

命令：TEXT

当前文字样式：　"Standard"　文字高度：2.5000　注释性：否　对正：左

指定文字的起点或 ［对正（J）/样式（S）］：J

输入选项 ［左（L）/居中（C）/右（R）/对齐（A）/中间（M）/布满（F）/左上（TL）/中上（TC）/右上（TR）/左中（ML）/正中（MC）/右中（MR）/左下（BL）/中下（BC）/右下（BR）］：L

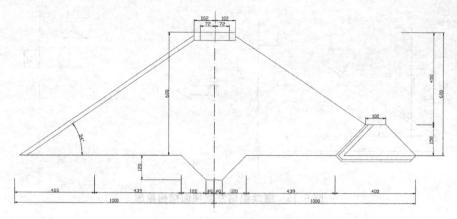

图 6.17　标注大坝剖面图的尺寸

指定文字的起点：
指定高度<2.5000>：5
指定文字的旋转角度<0>：0
操作示意：图 6.18。

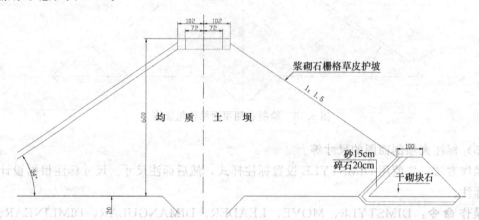

图 6.18　标注大坝剖面文字

（7）继续标注大坝标高。

操作方法：标高标注先使用 POLYGON 及 ROTATE 绘制三角图形标高符号，标注相应的标高数值文字。然后按标高位置进行复制，再修改文字数值即可。

操作命令：LINE、POLYGON、ROTATE、COPY、MOVE、MIRROR、SACLE、MTEXT、TEXTEDIT 等。

■ 命令：POLYGON

输入侧面数<4>：3
指定正多边形的中心点或［边（E）］：
输入选项［内接于圆（I）/外切于圆（C）］<I>：
指定圆的半径：

■ 命令：MIRROR

选择对象：找到 4 个
选择对象：

指定镜像线的第一点：
指定镜像线的第二点：
要删除源对象吗？[是（Y）/否（N）]＜否＞：Y
操作示意：图6.19。

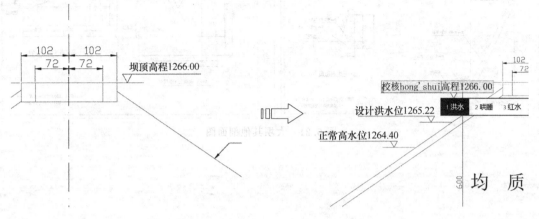

图 6.19　标注大坝Ⅰ—Ⅰ剖面图标高

　　（8）继续标注大坝图名及其他说明文字，插入图框，直至完成大坝Ⅰ—Ⅰ剖面图的绘制。大坝其他剖面图（A—A至E—E剖面图）绘制方法类似，限于篇幅，其具体绘制过程在此从略。

　　操作方法：按设计要求标注文字说明，图框使用已有图形。DWG文件可以按本章提供的网络地址下载打开学习使用。

　　操作命令：OPEN、COPYCLIP、MOVE、SACLE、MTEXT、SAVE、ZOOM、PLOT等。

　　操作示意：图6.20、图6.21。

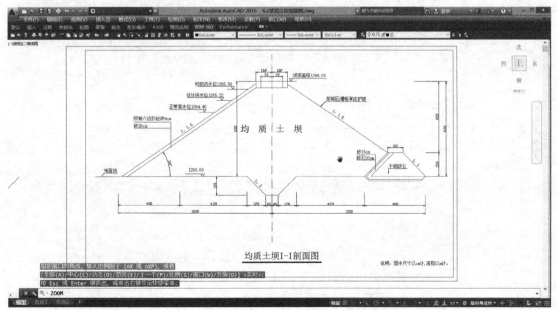

图 6.20　完成大坝Ⅰ—Ⅰ剖面图

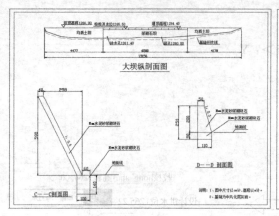
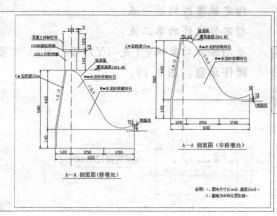

图 6.21 大坝其他剖面图

第**7**章 小型水利设施施工图CAD快速绘制

Chapter 07

本章详细介绍小型水利设施施工图 CAD 快速绘制方法，所讲解的实例为常见的水利发电站工程及水利蓄水池工程，其他水利工程施工图绘制方法类似。

为便于学习水利设计 CAD 绘图技能，本书提供本章讲解案例的 CAD 图形（dwg 格式图形文件）供学习使用。读者连接互联网后可以登录到如下地址下载，图形文件仅供学习参考。

百度网盘（下载地址为：http：//pan. baidu. com/s/1eQfKh1o）

7.1 水电站厂房施工图 CAD 快速绘制

本节案例以图 7.1（a）所示某小型水利发电站厂房的平面图、剖面图为例，讲解其 CAD 快速绘制方法。其他水电站平面布置图绘制方法类似。其总平面布置图详见图 7.1（b），其绘制方法参考前面相关章节有关总平面图绘制介绍。

（1）先绘制两条水电站发电机厂房平面轴线。

操作方法：按发电机厂房的大小进行轴线绘制。可以使用 PLINE、LINE、OFFSET 等多个功能命令进行发电机厂房平面轴线的轮廓线绘制。然后单击特性工具栏"线型"修改轴线的线型为点划线，也可以使用特性匹配功能快速改变其他轴线线型。

操作命令：PLINE、LINE、OFFSET、LINETYPE、LTSCALE、STRETCH 等（其他有关操作命令提示参考前面章节相同命令的内容，在此从略，后面同此）。

■ 命令：PLINE（绘制由直线构成的多段线）

指定起点：（确定起点位置）

当前线宽为 0.0000

指定下一个点或 ［圆弧（A）/半宽（H）/长度（L）/放弃（U）/宽度（W）］：13，83（依次输入多段线端点的坐标或直接在屏幕上使用鼠标点取）

指定下一点或 ［圆弧（A）/闭合（C）/半宽（H）/长度（L）/放弃（U）/宽度（W）］：（下一点）

指定下一点或 ［圆弧（A）/闭合（C）/半宽（H）/长度（L）/放弃（U）/宽度（W）］：（下一点）

……

指定下一点或 ［圆弧（A）/闭合（C）/半宽（H）/长度（L）/放弃（UV）/宽度（W）］：（回车结束操作）

■ 命令：OFFSET

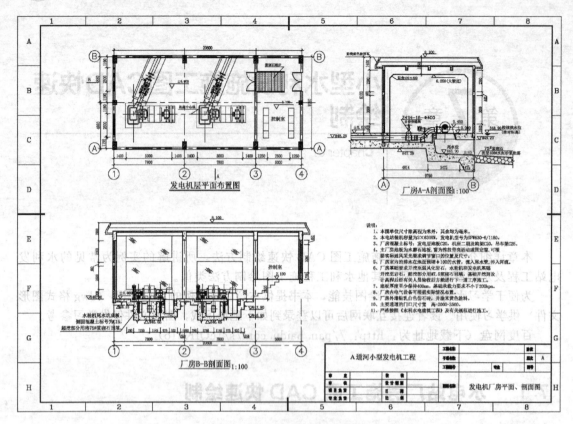

(a) 某小型水利发电站厂房平面布置图

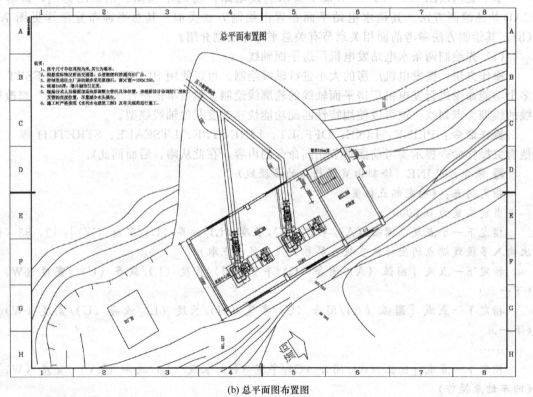

(b) 总平面图布置图

图 7.1　某水利发电站平面图

当前设置：删除源＝否　图层＝源　OFFSETGAPTYPE＝0

指定偏移距离或 ［通过（T）/删除（E）/图层（L）］＜50.8000＞：50

选择要偏移的对象，或 ［退出（E）/放弃（U）］＜退出＞：

指定要偏移的那一侧上的点，或 ［退出（E）/多个（M）/放弃（U）］＜退出＞：

选择要偏移的对象，或 ［退出（E）/放弃（U）］＜退出＞：

■ 命令：MATCHPROP

当前活动设置：颜色 图层 线型 线型比例 线宽 透明度 厚度 打印样式 标注 文字 图案填充 多段线 视口 表格材质 阴影显示 多重引线

选择目标对象或 ［设置（S）］：

选择目标对象或 ［设置（S）］：指定对角点：

选择目标对象或 ［设置（S）］：

操作示意：图 7.2。

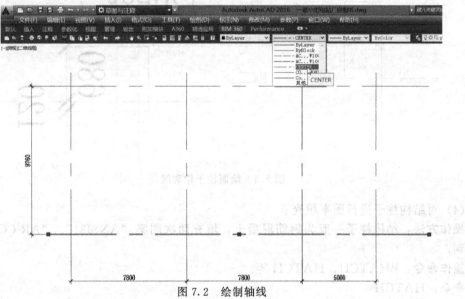

图 7.2　绘制轴线

（2）绘制轴线轴号造型。

操作方法：先绘制其中一个轴线号，然后复制，编辑修改文字即可。

操作命令：CIRCLE、COPY、TEXT、SCALE、TEXTEDIT 等。

命令：CIRCLE

指定圆的圆心或 ［三点（3P）/两点（2P）/切点、切点、半径（T）］：

指定圆的半径或 ［直径（D）］＜6.0000＞：6

操作示意：图 7.3。

图 7.3　绘制轴号

（3）绘制柱子轮廓线。

操作方法：按设计确定的柱子大小绘制。柱子位置通过移动进行调整。

操作命令：RECTANG、PLINE、LINE、OFFSET、CHAMFER、MOVE 等。

命令：MOVE

选择对象：找到 1 个

选择对象：

指定基点或［位移（D）］＜位移＞：

指定第二个点或＜使用第一个点作为位移＞：1.2

操作示意：图 7.4。

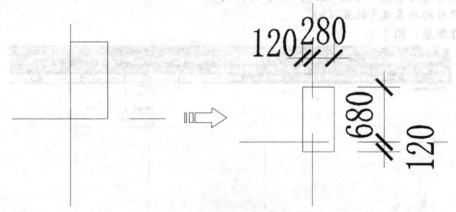

图 7.4　绘制柱子轮廓线

（4）对结构柱子进行图案填充。

操作方法：结构柱子一般为钢筋混凝土，填充两次图案 "ANSI31"、"AR-CONC" 即可得到。

操作命令：BHATCH、HATCH 等。

命令：HATCH

选择对象或［拾取内部点（K）/放弃（U）/设置（T）］：t

选择对象或［拾取内部点（K）/放弃（U）/设置（T）］：找到 1 个

……

选择对象或［拾取内部点（K）/放弃（U）/设置（T）］：

操作示意：图 7.5。

（5）加粗柱子轮廓线。

操作方法：对结构柱子轮廓线进行加粗，可使用两种方法。可以使用 PEDIT 功能命令，也可以选择图形后单击工具栏中的线宽，选择合适的宽度如 0.7mm，然后单击"格式"下拉菜单中的"线宽"，在弹出的"线宽设置"对话框中勾取"显示线宽"即可。注意填充比例和角度等参数的选择，可以先进行预览，不合适及时调整参数即可。

操作命令：PEDIT 等。

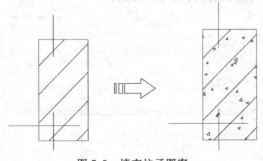

图 7.5　填充柱子图案

命令：PEDIT

选择多段线或［多条（M）］：

选择多段线或［多条（M）］：

选定的对象不是多段线

是否将其转换为多段线？＜Y＞y

输入选项［闭合（C）/合并（J）/宽度（W）/编辑顶点（E）/拟合（F）/样条曲线（S）/非曲线化（D）/线型生成（L）/反转（R）/放弃（U）］：W

指定所有线段的新宽度：0.7

输入选项［闭合（C）/合并（J）/宽度（W）/编辑顶点（E）/拟合（F）/样条曲线（S）/非曲线化（D）/线型生成（L）/反转（R）/放弃（U）］：

操作示意：图7.6。

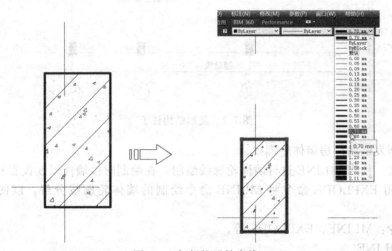

图7.6 加粗柱子轮廓线

（6）再复制柱子造型到其他位置。

操作方法：按轴线位置进行复制，对称一侧通过镜像得到。结合绘制辅助线或捕捉功能进行定位复制、镜像。其他位置的结构柱子绘制方法相同。

操作命令：LINE、ERASE、COPY、MIRROR、MOVE等。

■ 命令：COPY（复制图形对象）

找到1个（选择图形）

选择对象：找到1个，总计1个

选择对象：找到2个，总计3个

选择对象：（回车）

当前设置：复制模式＝多个

指定基点或［位移（D）/模式（O）］＜位移＞：（指定复制图形起点位置）

指定第二个点或＜使用第一个点作为位移＞：（进行复制，指定复制图形复制点位置）

......

指定第二个点或［退出（E）/放弃（U）］＜退出＞：（回车）

■ 命令：MIRROR（进行镜像得到一个对称部分）

选择对象：找到2个，总计2个（选择图形）

选择对象：找到10个，总计12个

选择对象：（回车）

指定镜像线的第一点：（指定镜像第一点位置）

指定镜像线的第二点：（指定镜像第二点位置）

要删除源对象吗？[是 (Y)/否 (N)] <N>：Y（输入 N 保留原有图形，输入 Y 删除原有图形）

操作示意：图 7.7。

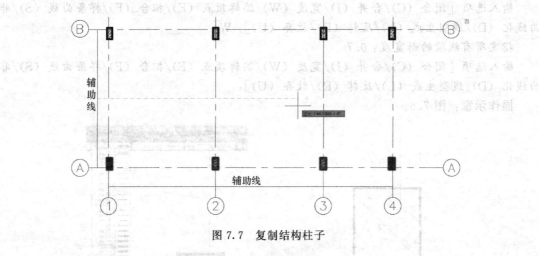

图 7.7　复制结构柱子

（7）绘制发电站厂房墙体轮廓线。

操作方法：使用 MLINE 进行墙体轮廓线绘制，在绘制时按墙体厚度设置相关参数。绘制完成后使用 EXPLODE 命令将 MLINE 命令绘制的墙体轮廓线分解，以便于后面编辑操作。

操作命令：MLINE、EXPLODE 等。

命令：MLINE

当前设置：对正＝上，比例＝20.00，样式＝STANDARD

指定起点或 [对正 (J)/比例 (S)/样式 (ST)]：J

输入对正类型 [上 (T)/无 (Z)/下 (B)] <上>：Z

当前设置：对正＝无，比例＝20.00，样式＝STANDARD

指定起点或 [对正 (J)/比例 (S)/样式 (ST)]：S

输入多线比例 <20.00>：2.4

当前设置：对正＝无，比例＝24.00，样式＝STANDARD

指定起点或 [对正 (J)/比例 (S)/样式 (ST)]：

指定下一点：

指定下一点或 [放弃 (U)]：

指定下一点或 [闭合 (C)/放弃 (U)]：

指定下一点或 [闭合 (C)/放弃 (U)]：C

操作示意：图 7.8。

（8）勾画窗户平面轮廓。

操作方法：先在窗户位置的轴线间绘制辅助线，然后通过辅助线中点绘制直线，再按窗户宽度一半偏移轮廓线。

操作命令：LINE、OFFSET、MOVE 等。

命令：OFFSET

当前设置：删除源＝否　图层＝源　OFFSETGAPTYPE＝0

指定偏移距离或 [通过 (T)/删除 (E)/图层 (L)] <通过>：25

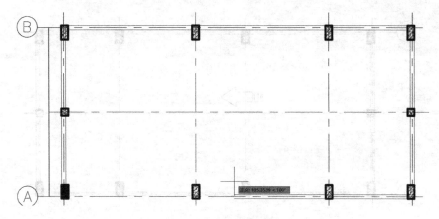

图 7.8　绘制厂房墙体

选择要偏移的对象，或 ［退出 （E)/放弃 （U)］＜退出＞：
指定要偏移的那一侧上的点，或 ［退出 （E)/多个 （M)/放弃 （U)］＜退出＞：
选择要偏移的对象，或 ［退出 （E)/放弃 （U)］＜退出＞：
指定要偏移的那一侧上的点，或 ［退出 （E)/多个 （M)/放弃 （U)］＜退出＞：
选择要偏移的对象，或 ［退出 （E)/放弃 （U)］＜退出＞：
操作示意：图 7.9。

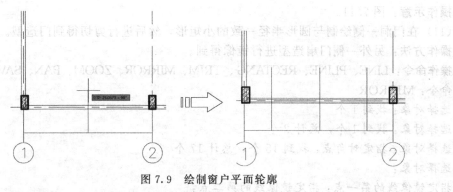

图 7.9　绘制窗户平面轮廓

（9）对轮廓线进行剪切得到窗户平面造型。
操作方法：其他窗户通过复制、镜像或按相同方法绘制即可。最后删除多余辅助线。
操作命令：TRIM、COPY、LINE、PLINE、MOVE、STRETCH、ERASE、MIRROR 等。
命令：TRIM
当前设置：投影＝UCS，边＝无
选择剪切边…
选择对象或 ＜全部选择＞：找到 1 个
选择对象：
选择要修剪的对象，或按住 Shift 键选择要延伸的对象，或 ［栏选 （F)/窗交 （C)/投影 （P)/边 （E)/删除 （R)/放弃 （U)］：
　　……
选择要修剪的对象，或按住 Shift 键选择要延伸的对象，或 ［栏选 （F)/窗交 （C)/投影 （P)/边 （E)/删除 （R)/放弃 （U)］：
操作示意：图 7.10。

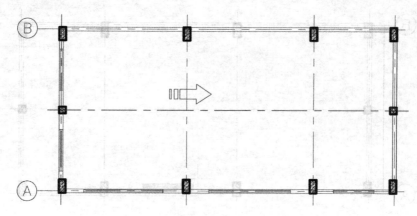

图 7.10　剪切得到窗户平面造型

（10）绘制门造型轮廓线。

操作方法：参考窗户的轮廓线绘制，先绘制门洞轮廓。然后按门洞宽度一半绘制圆形。

操作命令：LINE、OFFSET、TRIM、MOVE、CIRCLE 等。

命令：CIRCLE

指定圆的圆心或 ［三点（3P）/两点（2P）/切点、切点、半径（T）］：

指定圆的半径或 ［直径（D）］＜6.0000＞：10

操作示意：图 7.11。

（11）在门洞一侧绘制与圆形半径一致的小矩形，然后进行剪切得到门造型。

操作方法：另外一侧门扇造型进行镜像得到。

操作命令：LINE、PLINE、RECTANG、TRIM、MIRROR、ZOOM、PAN、SAVE 等。

命令：MIRROR

选择对象：找到 1 个

选择对象：找到 1 个，总计 2 个

选择对象：指定对角点：找到 15 个，总计 17 个

选择对象：

指定镜像线的第一点：指定镜像线的第二点：

要删除源对象吗？［是（Y）/否（N）］＜N＞：N

操作示意：图 7.12。

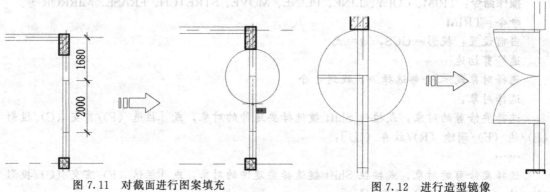

图 7.11　对截面进行图案填充　　　　　　　　　图 7.12　进行造型镜像

（12）绘制其他位置的其他、门窗等轮廓线。完成发电站厂房建筑平面图。

操作方法：绘制方法与前面所述相同。最后根据需要使用 PEDIT 等方法对墙体轮廓线进行适当加粗。

操作命令：PLINE、PEDIT、LINE、TRIM、OFFSET、COPY、ROTATE 、MOVE 等。

操作示意：图 7.13。

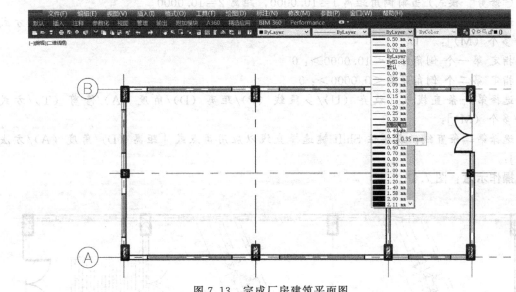

图 7.13 完成厂房建筑平面图

（13）绘制发电站厂房内部设施。

操作方法：先绘制室内台阶或坡道轮廓。

操作命令：LINE、OFFSET、MOVE、RECTANG 、HATCH、STRETCH、ZOOM 等。

命令：STRETCH

以交叉窗口或交叉多边形选择要拉伸的对象…

选择对象：指定对角点：找到 2 个

选择对象：

指定基点或［位移（D)］＜位移＞：

指定第二个点或＜使用第一个点作为位移＞：

操作示意：图 7.14。

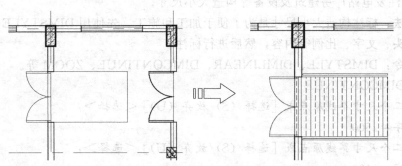

图 7.14 绘制发电站厂房坡道

（14）布置其他厂房发电站设备。

操作方法：控制室设施、水轮机轮廓造型使用图库已有图形，不重新绘制，读者可以从本书提供的图库参考资料中下载使用。

操作命令： INSERT、SCALE、MOVE、ROTATE、PLINE、COPY、LINE、TRIM、CHAMFER 等。

命令：CHAMFER

（"修剪"模式）当前倒角距离 1＝10.0000，距离 2＝10.0000

选择第一条直线或［放弃（U）/多段线（P）/距离（D）/角度（A）/修剪（T）/方式（E）/多个（M）］： D

指定 第一个 倒角距离＜10.0000＞：0

指定 第二个 倒角距离＜0.0000＞：0

选择第一条直线或［放弃（U）/多段线（P）/距离（D）/角度（A）/修剪（T）/方式（E）/多个（M）］：

选择第二条直线，或按住 Shift 键选择直线以应用角点或［距离（D）/角度（A）/方法（M）］：

操作示意： 图 7.15。

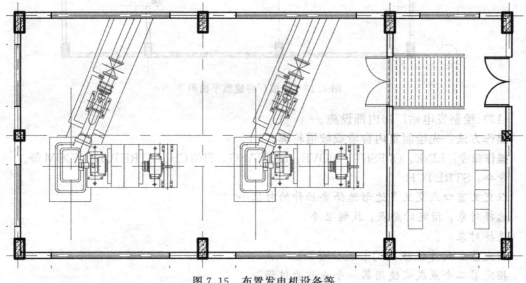

图 7.15　布置发电机设备等

(15) 标注发电站厂房建筑及设备等构造大小尺寸。

操作方法： 标注构造大小尺寸是为了便于加工和施工。先使用 DIMSTYLE 设置标注格式，包括箭头、文字、比例等内容，然后进行标注。

操作命令： DIMSTYLE、DIMLINEAR、DIMCONTINUE、ZOOM 等。

命令：DIMCONTINUE

指定第二个尺寸界线原点或［选择（S）/放弃（U）］＜选择＞：

标注文字＝2500

指定第二个尺寸界线原点或［选择（S）/放弃（U）］＜选择＞：

标注文字＝1190

指定第二个尺寸界线原点或［选择（S）/放弃（U）］＜选择＞：

标注文字＝1190

指定第二个尺寸界线原点或［选择（S）/放弃（U）］＜选择＞：

标注文字＝2500

指定第二个尺寸界线原点或 [选择（S）/放弃（U）] ＜选择＞：

标注文字＝1190

指定第二个尺寸界线原点或 [选择（S）/放弃（U）] ＜选择＞：

选择连续标注：

操作示意：图 7.16。

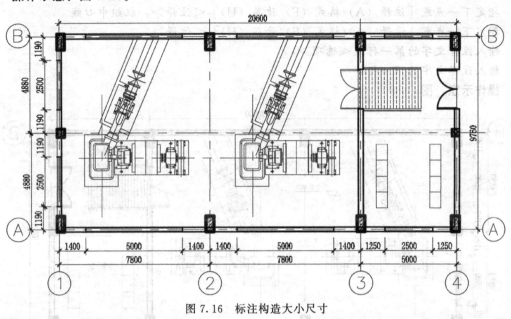

图 7.16　标注构造大小尺寸

（16）标注发电机厂房标高。

操作方法：标高三角造型可使用 POLYGON 绘制。文字"±0.000"可输入"％％p0.000"即可。

操作命令：POLYGON、LINE、TEXT、SCALE、MOVE、ZOOM、PAN、SAVE 等。

命令：POLYGON

输入侧面数＜4＞：3

指定正多边形的中心点或 [边（E）]：

输入选项 [内接于圆（I）/外切于圆（C）] ＜I＞：

指定圆的半径：

操作示意：图 7.17。

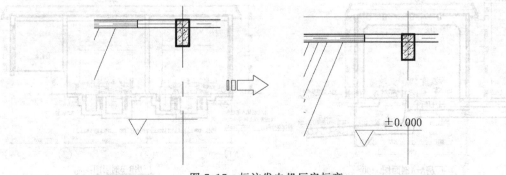

图 7.17　标注发电机厂房标高

（17）标注发电机厂房相关文字。

操作方法：设计说明、图框等待剖面图绘制完成后放置一张图纸中。

操作命令：ZOOM、PAN、SAVE 等。

命令：LEADER

指定引线起点：

指定下一点：

指定下一点或 ［注释（A）/格式（F）/放弃（U）］＜注释＞：机组中心线

指定下一点或 ［注释（A）/格式（F）/放弃（U）］＜注释＞：

输入注释文字的第一行或＜选项＞：

输入注释文字的下一行：

操作示意：图 7.18。

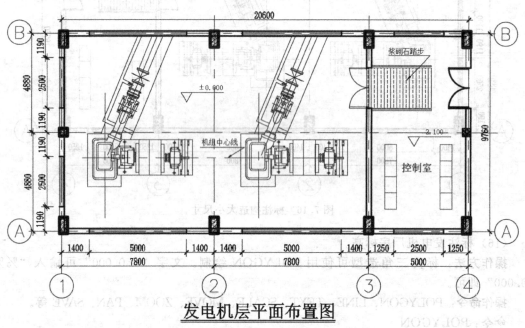

发电机层平面布置图

图 7.18　标注发电机厂房相关文字

（18）绘制水利发电站厂房的剖面图。

操作方法：剖面图的绘制方法与平面布置图类似，限于篇幅，具体绘制过程在此不做详细讲述。设计说明、图框等待剖面图绘制完成后放置在一张图纸中。

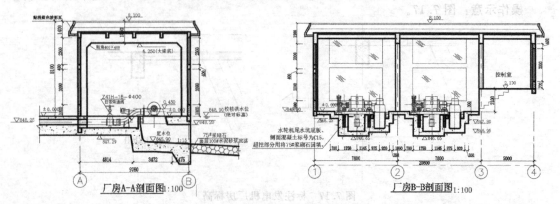

图 7.19　发电机厂房剖面图绘制

操作命令：ZOOM、PAN、SAVE 等。

操作示意：图 7.19。

（19）标注发电机厂房设计说明、插入图框。完成小型水电站厂房施工图绘制。

操作方法：将平面图、剖面图布置在一张图中。

操作命令：MTEXT、SCALE、TEXT、OPEN、COPYCLIP、PASTECLIP、MOVE、ZOOM、PAN、SAVE 等。

操作示意：图 7.20。

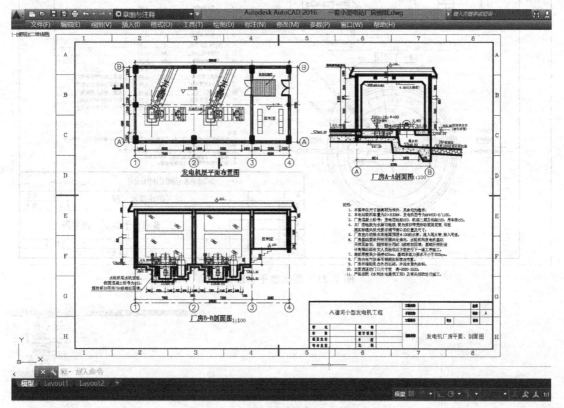

图 7.20　完成小型水电站厂房施工图

7.2　蓄水池施工图 CAD 快速绘制

本节案例以图 7.21 所示常见的小型蓄水池水利设施为例，讲解其 CAD 快速绘制方法。其他水电设施施工图绘制方法类似。

（1）先绘制水池平面图的定位轴线。

操作方法：先按实体线绘制，然后修改为点划线即可。

操作命令：LINE、MOVE、STRETCH、LINETYPE、LTSCALE 等。

操作示意：图 7.22。

（2）设置标注格式及比例。

操作方法：本案例在绘制时按 1：50 比例绘制，使用 DIMSTYLE 命令，在标注样式对话框中，设置主单位为 50。在绘制图形时，实际长度为 500mm 的图形，按 10mm 长度进行绘制，但标注时为 500mm。

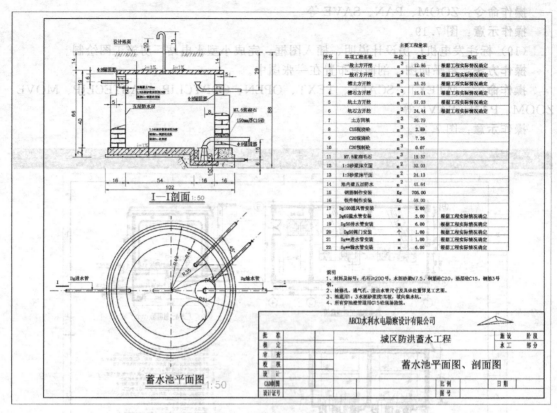

图 7.21　蓄水池平、剖面图

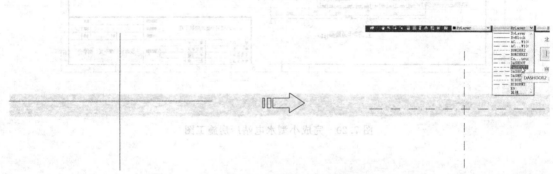

图 7.22　绘制水池定位轴线

操作命令：LINE、MOVE 等。

命令：LINE

指定第一个点：

指定下一点或［放弃（U）］：63

指定下一点或［放弃（U）］：

操作示意：图 7.23。

（3）绘制水池同心圆。

操作方法：按间距及半径大小，同心圆通过偏移快速得到。因水池位于地下，将其线型修改为虚线。为了简单，本案例先按1:1绘制，绘制图纸中的尺寸×50为需建设的蓄水池大小尺寸，如图纸中的51mm，建设尺寸为2550mm。

操作命令：CIRCLE、OFFSET、VIEWRES、DIMRADIUS 等。

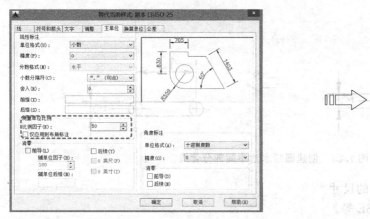 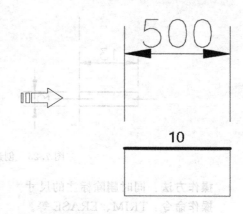

图 7.23　绘制一条辅助线

■ 命令：VIEWRES
是否需要快速缩放？［是（Y）/否（N）］＜Y＞：
输入圆的缩放百分比（1-20000）＜10000＞：20000
正在重生成模型。
■ 命令：CIRCLE
指定圆的圆心或［三点（3P)/两点（2P)/切点、切点、半径（T)］：
指定圆的半径或［直径（D)］＜24.5000＞：51
操作示意：图 7.24。

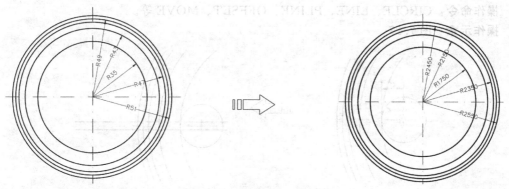

图 7.24　绘制圆形水池轮廓

（4）创建圆形水池中间部分管线轮廓造型。
操作方法：先按其位置绘制管线矩形部分造型，然后绘制两端圆形。
操作命令：RECTANG、LINE、MOVE、STRETCH、OFFSET、TRIM、CHAMFER 等。
命令：RECTANG
指定第一个角点或［倒角（C)/标高（E)/圆角（F)/厚度（T)/宽度（W)］：
指定另一个角点或［面积（A)/尺寸（D)/旋转（R)］：D
指定矩形的长度＜10.0000＞：13
指定矩形的宽度＜10.0000＞：3
指定另一个角点或［面积（A)/尺寸（D)/旋转（R)］：
操作示意：图 7.25。
（5）进行剪切形成管线轮廓。

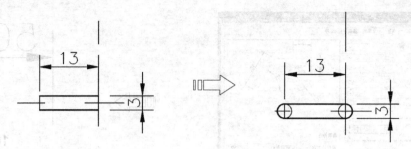

图 7.25　创建圆形水池中间部分管线

操作方法：同时删除标注的尺寸。

操作命令：TRIM、ERASE 等。

操作示意：图 7.26。

图 7.26　剪切得到管线造型

（6）绘制水池右侧输水管轮廓线。

操作方法：按圆形圆心位置绘制小圆形，然后绘制水平管道轮廓。

操作命令：CIRCLE、LINE、PLINE、OFFSET、MOVE 等。

操作示意：图 7.27。

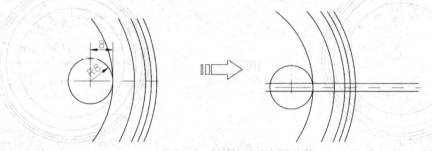

图 7.27　创建水池右侧输水管

（7）管道端部轮廓折线绘制。

操作方法：可以使用 ARC 绘制。也可以按管道一半宽度绘制圆形，然后剪切不同位置轮廓线，并进行适当拉伸减小弧度。

操作命令：ARC、LINE、PLINE、CIRCLE、TRIM、ERASE、MIRROR 等。

命令：ARC

指定圆弧的起点或 [圆心（C）]：

指定圆弧的第二个点或 [圆心（C）/端点（E）]：

指定圆弧的端点：

操作示意：图 7.28。

（8）勾画管道与水池连接处的轮廓线。

操作方法：先绘制小同心圆，然后进行剪切即可。

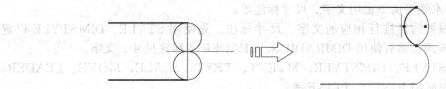

图 7.28 绘制管道端部轮廓折线

操作命令：LINE、OFFSET、COPY、MOVE、CIRCLE、TRIM 等。

操作示意：图 7.29。

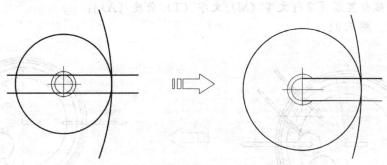

图 7.29 绘制管道与水池连接处轮廓造型

（9）蓄水池与其他管道及其连接处的轮廓绘制。

操作方法：绘制方法同前所述，对倾斜的轮廓线造型，可以通过旋转水平管道轮廓相应的角度得到。

操作命令：LINE、MOVE、PLINE、ROTATE、STRETCH、EXTEND、TRIM、ARC 等。

命令：EXTEND

当前设置：投影＝UCS，边＝无

选择边界的边…

选择对象或 ＜全部选择＞：找到 1 个

选择对象：

选择要延伸的对象，或按住 Shift 键选择要修剪的对象，或 ［栏选（F）/窗交（C）/投影（P）/边（E）/放弃（U）］：

选择要延伸的对象，或按住 Shift 键选择要修剪的对象，或 ［栏选（F）/窗交（C）/投影（P）/边（E）/放弃（U）］：

操作示意：图 7.30。

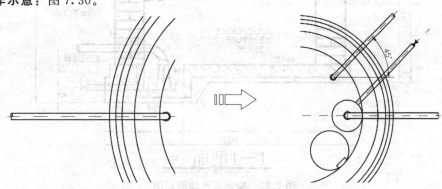

图 7.30 绘制蓄水池其他位置管道轮廓

（10）进行蓄水池平面图说明文字、尺寸标注等。

操作方法：根据需要进行相应的文字、尺寸标注。先使用 STYLE、DIMSTYLE 设置文字样式、标注样式，然后使用 DIMRADIUS、LEADER 等标注尺寸、文字。

操作命令：STYLE、DIMSTYLE、MTEXT、TEXT、SCALE、MOVE、LEADER、DIMLINEAR、DIMALIGNED、PLINE 等。

命令：DIMRADIUS

选择圆弧或圆：

标注文字＝51

指定尺寸线位置或［多行文字（M）/文字（T）/角度（A）]:

操作示意：图 7.31。

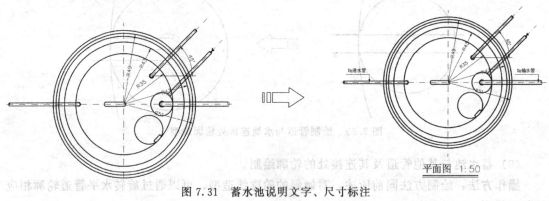

平面图 1:50

图 7.31 蓄水池说明文字、尺寸标注

（11）绘制蓄水池剖面图。

操作方法：蓄水池的剖面图绘制方法与平面图类似，限于篇幅，具体绘制过程在此不做详细讲述。

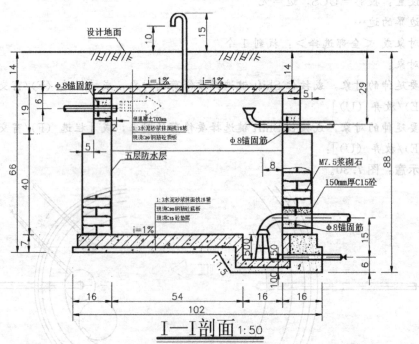

Ⅰ—Ⅰ剖面 1:50

图 7.32 绘制蓄水池剖面图

操作命令：LINE、PLINE、TRIM、HATCH、TEXT、MOVE、SCALE、ARC、DI-MLINEAR 等。

操作示意：图 7.32。

(12) 绘制蓄水池的工程量表格。

操作方法：先绘制水平线、竖直线，然后通过偏移 OFFSET 快速得到表格。再标注表格中的文字，文字大小通过缩放、移动进行调整。

操作命令：LINE、PLINE、OFFSET、TRIM、CHAMFER、TEXT、MTEXT、MO-VE、SCALE、ZOOM、SAVE 等。

操作示意：图 7.33。

主要工程量表

序号	单项工程名称	单位	数量	备注
1	一般土方开挖	m³	12.86	根据工程实际情况确定
2	一般石方开挖	m³	5.51	根据工程实际情况确定
3	槽土方开挖	m³	35.25	根据工程实际情况确定
4	槽石方开挖	m³	15.11	根据工程实际情况确定
5	坑土方开挖	m³	57.03	根据工程实际情况确定
6	坑石方开挖	m³	24.44	根据工程实际情况确定
7	土方回填	m³	26.79	
8	C15现浇砼	m³	2.59	
9	C20现浇砼	m³	7.26	
10	C20预制砼	m³	0.07	
11	M7.5浆砌毛石	m³	19.37	
12	1:2砂浆抹立面	m²	32.03	
13	1:3砂浆抹平面	m²	24.13	
14	池内壁五层防水	m²	41.64	
15	钢筋制作安装	Kg	705.00	
16	铁件制作安装	Kg	59.00	
17	Dg100通风管安装	m	3.00	
18	Dg65溢水管安装	m	3.00	根据工程实际情况确定
19	Dg50排水管安装	m	3.00	根据工程实际情况确定
20	Dg50阀门安装	个	1.00	根据工程实际情况确定
21	Dg**进水管安装	m	1.00	根据工程实际情况确定
22	Dg**输水管安装	m	6.00	根据工程实际情况确定

图 7.33　蓄水池的工程量表格绘制

(13) 标注蓄水池相关说明文字，并插入图框。

操作方法：图框使用各个设计单位确定的，直接使用。说明文字绘制方法与前述相同，具体绘制过程在此从略。

操作命令：MTEXT、SCALE、MOVE、INSERT、ZOOM 等。

操作示意：图 7.34。

图 7.34　标注蓄水池相关说明文字

（14）缩放视图观察，完成蓄水池平面图及剖面图。

操作方法：继续进行蓄水池其他图纸内容，直至完成，具体绘制过程在此从略。

操作命令：ZOOM、SAVE、PLOT 等。

命令：ZOOM

指定窗口的角点，输入比例因子（nX 或 nXP），或者

[全部（A）/中心（C）/动态（D）/范围（E）/上一个（P）/比例（S）/窗口（W）/对象（O）]＜实时＞：

按 Esc 或 Enter 键退出，或单击右键显示快捷菜单。

操作示意：图 7.35。

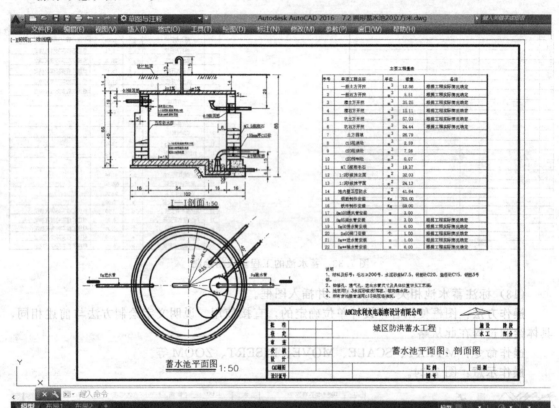

图 7.35　完成蓄水池平面图及剖面图

第8章 水利工程轴测图CAD快速绘制基本方法

Chapter 08

本章详细介绍水利工程中轴测图 CAD 快速绘制方法。轴测图可反映物体的三维形状和二维图形，具有较强的立体感，能帮人们更快捷更清楚地认识水利工程结构构造。绘制一个水利工程的轴测图实际是在二维平面图中完成，因此相对三维图形操作更简单。

8.1 水利工程轴测图 CAD 绘制基本知识

轴测图是指将物体对象连同确定物体对象位置的坐标系，沿不平行于任一坐标面的方向，用平行投影法投射到单一投影面上所得到的图形。轴测图能同时反映物体长、宽、高三个方向的尺寸，富有立体感，在许多工程领域，常作为辅助性图样。如图 8.1 为常见的一些水利工程结构轴测图。

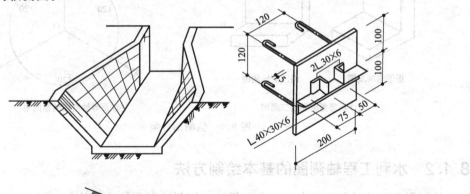

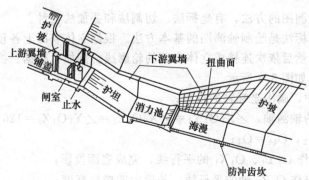

图 8.1 一些水利工程结构轴测图

8.1.1　水利工程轴测图的绘图基础

轴测图分为正轴测图和斜轴测图两大类，正轴测图——采用正投影法，斜轴测图——采用斜投影法。正投影图特点：形体的多数表面垂直或平行投影面（正放），用正投影法得到，缺乏立体感，如图 8.2（a）所示。斜轴测图特点：不改变物体与投影面的相对位置（物体正放），用斜投影法作出物体的投影，如图 8.2（b）所示。工程上常用正等测图和斜二测图，如图 8.2（c）。

当物体上的三根直角坐标轴与轴测投影面的倾角相等时，用正投影法所得到的图形，称为正等轴测图，简称正等测。正等轴测图中的三个轴间角相等，都是 120°，其中 Z 轴规定画成铅垂方向。正等轴测图的坐标轴，简称轴测轴，如图 8.2（d）所示。

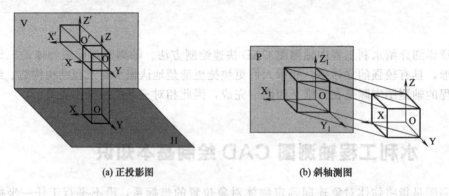

(a) 正投影图　　　　　　　　　　　(b) 斜轴测图

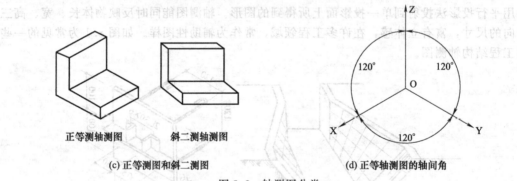

正等测轴测图　　　　斜二测轴测图

(c) 正等测图和斜二测图　　　　　　(d) 正等轴测图的轴间角

图 8.2　轴测图分类

8.1.2　水利工程轴测图的基本绘制方法

绘制平面立体轴测图的方法，有坐标法、切割法和叠加法三种。

（1）坐标法　坐标法是绘制轴测图的基本方法。根据立体表面上各顶点的坐标，分别画出它们的轴测投影，然后依次连接成立体表面的轮廓线。例如，根据三视图，画四棱柱的正等轴测图步骤如下，如图 8.3 所示。

① 在两面视图中，画出坐标轴的投影；

② 画出正等测的轴测轴，$\angle X_1 O_1 Y_1 = \angle X_1 O_1 Z_1 = \angle Y_1 O_1 Z_1 = 120°$；

③ 量取 $O_{12} = O_2$，$O_{14} = O_4$；

④ 分别过 2、4 作 $O_1 Y_1$、$O_1 X_1$ 的平行线，完成底面投影；

⑤ 过底面各顶点作 $O_1 Z_1$ 轴的平行线，长度为四棱柱高度；

⑥ 依次连接各顶点，完成正等测图。

需要注意的是，不可见的虚线可不画出。

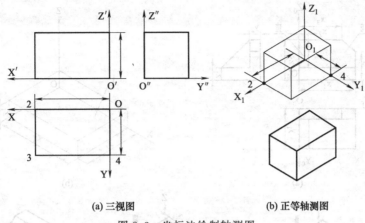

(a) 三视图　　　　　　　　　　　(b) 正等轴测图

图 8.3　坐标法绘制轴测图

（2）切割法　有的形体可看成是由基本体截断、开槽、穿孔等变化而成的。画这类形体的轴测图时，可先画出完整的基本体轴测图，然后切去多余部分。例如，已知三视图［图8.4（a）］，画形体的正等轴测图。从投影图可知，该立体是在长方形箱体的基础上，逐步切去左上方的四棱柱、右前方的三棱柱和左下端方槽后形成的。绘图时先用坐标法画出长方形箱体，然后逐步切去各个部分，绘图步骤如图8.4所示。

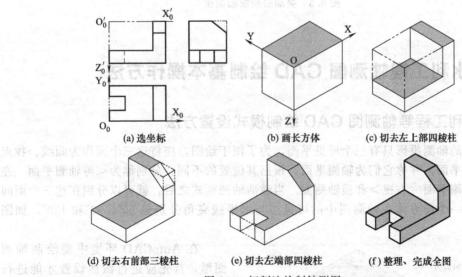

(a) 选坐标　　　　　　　　　(b) 画长方体　　　　　　　(c) 切去左上部四棱柱

(d) 切去右前部三棱柱　　　　(e) 切去左端部四棱柱　　　　(f) 整理、完成全图

图 8.4　切割法绘制轴测图

（3）叠加法　适用于叠加而形成的组合体，它依然以坐标法为基础，根据各基本体所在的坐标，分别画出各立体的轴测图。例如，已知三视图［图8.5（a）］，绘制其轴测图。该组合体由底板Ⅰ、背板Ⅱ、右侧板Ⅲ三部分组成。利用叠加法，分别画出这三部分的轴测投影，擦去看不见的图线，即得该组合体的轴测图，绘制步骤如下，如图8.5所示：

① 在视图上定坐标，将组合体分解为三个基本形体；

② 画轴测轴，沿轴向分别量取坐标 X_1、Y_1 和 Z_1，画出形体Ⅰ；

③ 根据坐标 Z_2 和 Y_2 画形体Ⅱ；根据坐标 X_3 和 Z_3 切割形体Ⅱ；

④ 根据坐标 X_2 画形体Ⅲ；

⑤ 擦去作图线，描粗加深，得到轴测图。

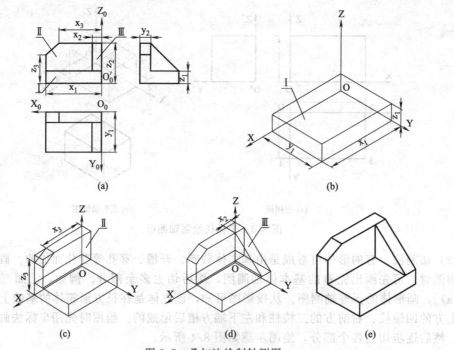

图 8.5　叠加法绘制轴测图

8.2　水利工程轴测图 CAD 绘制基本操作方法

8.2.1　水利工程等轴测图 CAD 绘制模式设置方法

　　一个实体的轴测投影只有三个可见平面，为了便于绘图，应将这三个面作为画线、找点等操作的基准平面，并称它们为轴测平面，根据其位置的不同，分别称为＜等轴测平面　左视＞、＜等轴测平面　右视＞和顶轴测面。当激活轴测模式之后，就可以分别在这三个面间进行切换。如一个长方体在轴测图中的可见边与水平线夹角分别是 30°、90°和 120°，如图 8.6 所示。

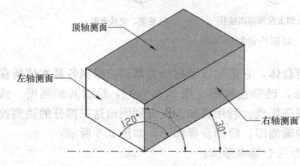

图 8.6　轴测图的视图和角度

　　在 AutoCAD 环境中要绘制轴测图形，首先应进行激活设置才能进行绘制。选择"工具"下拉菜单中"绘图设置"菜单命令，打开"草图设置"对话框，在"捕捉和栅格"选项卡中选择"等轴测捕捉"单选项，然后单击"确定"按钮即可激活，如图 8.7 所示。

　　另外，用户也可以在命令行"命令："中输入"SNAP"，再根据命令行的提示选择"样式（S）"选项，再选择"等轴测（I）"选项，最后输入垂直间距为 1，如

图 8.7 所示。

命令：SNAP

指定捕捉间距或［开（ON）/关（OFF）/纵横向间距（A）/样式（S）/类型（T）］<10.0000>：S

输入捕捉栅格类型［标准（S）/等轴测（I）］<S>：I

指定垂直间距<10.0000>：1

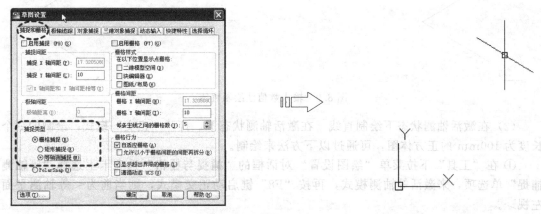

图 8.7　进行激活设置

用户在对三个等轴面的进行切换时，可按"F5"或"Ctrl＋E"依次切换上、右、左三个面，其鼠标指针的形状如图 8.8 所示，分别为等轴测平面俯视、右视、左视。

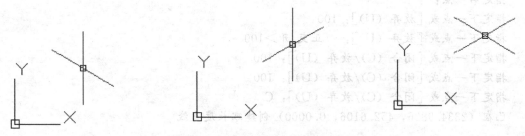

图 8.8　不同轴测视图中的鼠标形状

8.2.2　水利工程等轴测图绘制模式下直线 CAD 绘制方法

（1）输入数值法绘制直线　当通过坐标的方式来绘制直线时，可按以下方法来绘制。

① 与 X 轴平行的线，极坐标角度应输入 30°，如@100<30。

② 与 Y 轴平行的线，极坐标角度应输入 150°，如@100<150。

③ 与 Z 轴平行的线，极坐标角度应输入 90°，如@100<90。

④ 所有不与轴测轴平行的线，则必须先找出直线上的两个点，然后通过连线，见图 8.9。

命令：LINE

指定第一点：

指定下一点或［放弃（U）］：@100<30

指定下一点或［放弃（U）］：@100<150

指定下一点或［闭合（C）/放弃（U）］：@100<90

指定下一点或［闭合（C）/放弃（U）］：

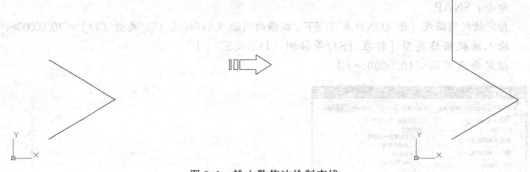

图8.9 输入数值法绘制直线

（2）在激活轴测状态下绘制直线　在激活轴测状态下，打开"正交"模式，绘制的一个长度为100mm的正方体图，可通过以下方法来绘制。

① 在"工具"下拉菜单"绘图设置"对话框的"捕捉与栅格"选项卡下选择"等轴测捕捉"单选项，来激活等轴测模式，再按"F8"键启动正交模式，则当前为＜等轴测平面左视＞。

② 执行"直线"命令（LINE），根据命令行的提示绘制如图8.10所示的左侧面。

■命令：＜等轴测平面 左视＞
■命令：LINE
指定第一点：
指定下一点或［放弃（U）］：100
指定下一点或［放弃（U）］：＜正交 开＞100
指定下一点或［闭合（C）/放弃（U）］：100
指定下一点或［闭合（C）/放弃（U）］：100
指定下一点或［闭合（C）/放弃（U）］：C
已在（2334.9826，452.6106，0.0000）创建零长度直线

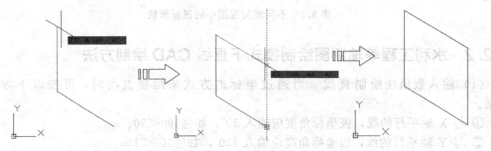

图8.10 绘制左侧面

③ 按"F5"键切换至顶轴测面，再执行"多段线"命令（PLINE），根据命令行提示绘制如图8.11所示的顶侧面。

命令：＜等轴测平面 俯视＞
命令：PLINE
指定起点：
当前线宽为0.0000
指定下一个点或［圆弧（A）/半宽（H）/长度（L）/放弃（U）/宽度（W）］：100
指定下一点或［圆弧（A）/闭合（C）/半宽（H）/长度（L）/放弃（U）/宽度（W）］：100

指定下一点或［圆弧（A）/闭合（C）/半宽（H）/长度（L）/放弃（U）/宽度（W）］：100

指定下一点或［圆弧（A）/闭合（C）/半宽（H）/长度（L）/放弃（U）/宽度（W）］：（回车）

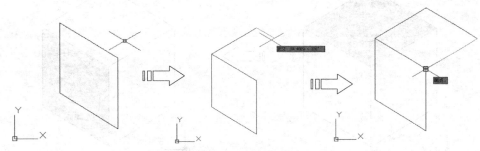

图 8.11　绘制顶侧面

④ 再按"F5"键切换至＜等轴测平面　右视＞，再执行"直线"命令（LINE）或"多段线"命令（PLINE），根据命令行提示绘制如图 8.12 所示的右侧面。

命令：＜等轴测平面　右视＞

命令：LINE

指定第一点：

指定下一点或［放弃（U）］：100

指定下一点或［放弃（U）］：100

指定下一点或［闭合（C）/放弃（U）］：

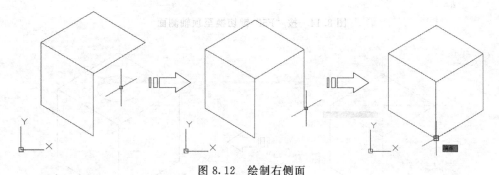

图 8.12　绘制右侧面

8.2.3　水利工程等轴测图 CAD 绘制模式下圆形绘制方法

圆的轴测投影是椭圆，当圆位于不同的轴测面时，投影椭圆长、短轴的位置是不相同的。首先激活轴测图模式，再按"F5"键选定画圆的投影面，再执行"椭圆"命令（ELLIPSE），在命令行选择"等轴测圆（I）"选项，再指定圆心点，最后指定椭圆的半径即可。

例如，在图 8.13 所示正方体轴测图顶面绘制一直径为 50mm 的圆的方法如下。

（1）首先按"F5"键切换至顶轴测面，如图 8.14 所示。

命令：＜等轴测平面　俯视＞

（2）再执行"椭圆"命令（ELLIPSE），在命令行中选择"等轴测圆（I）"选项；再按 F10、F11 启动相应追踪捕捉功能，捕捉对角线交叉点作为椭圆的圆心点，再输入半径为 25，如图 8.15 所示。

命令：ELLIPSE

指定椭圆轴的端点或［圆弧（A）/中心点（C）/等轴测圆（I）］：I

指定等轴测圆的圆心：
指定等轴测圆的半径或［直径（D）］：25

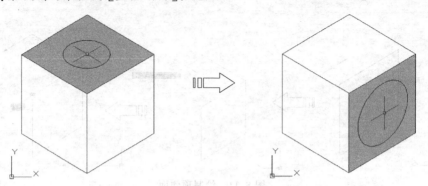

图 8.13　正方体轴测图中的圆形绘制

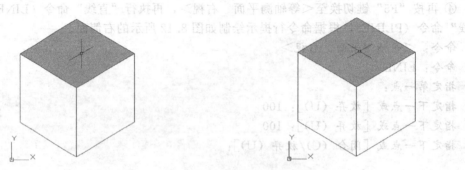

图 8.14　按"F5"键切换至顶轴测面

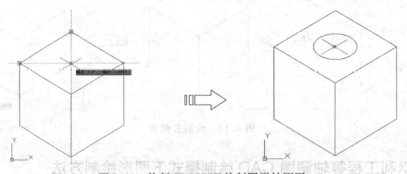

图 8.15　执行 ELLIPSE 绘制圆形轴测图

（3）注意轴测图中绘圆形之前一定要利用 F5 切换不同面，切换到与圆所在的平面对应的轴测面，这样才能使椭圆看起来像是在轴测面内，否则将显示不正确。如图 8.16 所示。

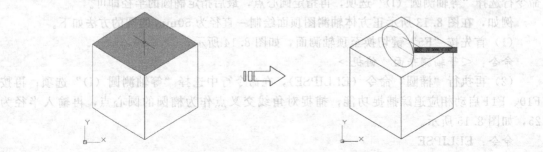

图 8.16　未切换正确的视图状态

（4）另外，使用圆形功能命令 CIRCLE 绘制轴测图中的圆形也不准确。如图 8.17 所示。

命令：CIRCLE

指定圆的圆心或 [三点 (3P)/两点 (2P)/切点、切点、半径 (T)]：

指定圆的半径或 [直径 (D)]：25

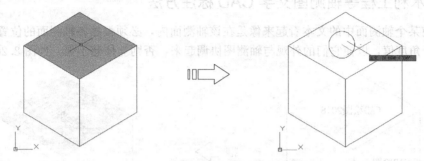

图 8.17　轴测图中使用 CIRCLE 命令

8.2.4　水利工程等轴测面内平行线 CAD 绘制方法

轴测面内绘制平行线，不能直接用"偏移"命令（OFFSET）进行，因为"偏移"命令（OFFSET）中的偏移距离是两线之间的垂直距离，而沿 30°方向之间的距离却不等于垂直距离。如图 8.18 所示。

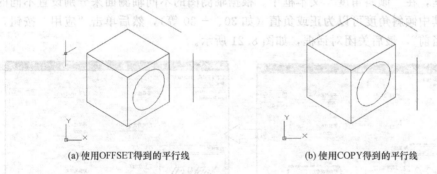

(a) 使用 OFFSET 得到的平行线　　　(b) 使用 COPY 得到的平行线

图 8.18　轴测图中平行线绘制

为了避免操作出错，在轴测面内画平行线，一般采用"复制"命令（COPY）；可以结合自动捕捉、自动追踪及正交状态来作图，这样可以保证所画直线与轴测轴的方向一致。在复制轴测图面中的对象时，应按"F5"键切换到相应的轴测面，并移动鼠标来指定移动的方向。如图 8.19 所示。

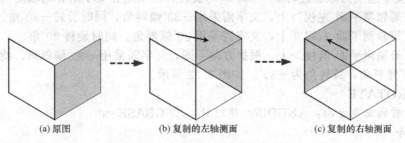

(a) 原图　　　(b) 复制的左轴测面　　　(c) 复制的右轴测面

图 8.19　复制得到轴测图平行线

8.3 水利工程等轴测图文字与尺寸标注方法

8.3.1 水利工程等轴测图文字 CAD 标注方法

为了使某个轴测面中的文本看起来像是在该轴测面内，必须根据各轴测面的位置特点将文字倾斜某个角度值，以使它们的外观与轴测图协调起来，否则立体感不强。如图 8.20 所示。

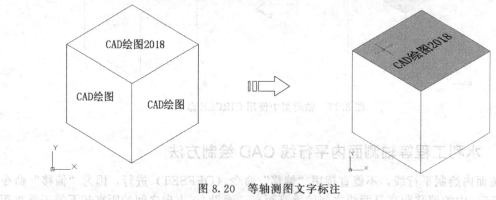

图 8.20　等轴测图文字标注

（1）文字倾斜角度设置　执行"格式"下拉菜单中"文字样式"菜单命令，弹出"文字样式"对话框，在"倾斜角度"文本框中。根据轴测图的不同轴测面来分别设置不同的倾斜角度即可，其中倾斜角度可以为正或负值（如 30、−30 等），然后单击"应用"按钮，然后单击"置为当前"，最后关闭对话框，如图 8.21 所示。

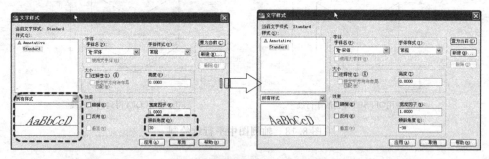

图 8.21　设置文本的倾斜角度

（2）在等轴测面上各文字符号的倾斜规律如图 8.21 所示。文字的倾斜角与文字的旋转角是不同的两个概念，前者是在水平方向左倾（0°～−90°间）或右倾（0°～90°间）的角度，后者是绕以文字起点为原点进行 0°～360°间的旋转，也就是在文字所在的轴测面内旋转。

① 在＜等轴测平面 左视＞上，文字需采用−30°倾斜角，同时旋转−30°角。

② 在＜等轴测平面 右视＞上，文字需采用 30°倾斜角，同时旋转 30°角。

③ 在＜等轴测平面 俯视＞上，根据方向不同，文字需采用−30°倾斜角、旋转角为 30°；文字采用 30°倾斜角，旋转角为−30°。如图 8.22 所示。

命令：ROTATE

UCS 当前的正角方向：ANGDIR＝逆时针　ANGBASE＝0

找到 1 个

指定基点：

指定旋转角度，或［复制（C）/参照（R）］＜0＞：－30

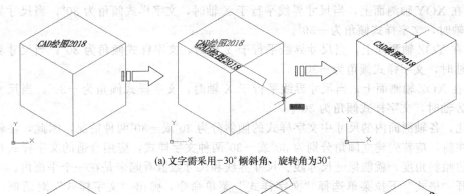

(a) 文字需采用-30°倾斜角、旋转角为30°

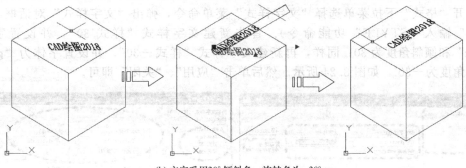

(b) 文字采用30°倾斜角、旋转角为-30°

图 8.22　轴测图中文字角度设置方法

8.3.2　水利工程等轴测图尺寸 CAD 标注方法

为了让某个轴测面内的尺寸标注看起来像是在这个轴测面中，就需要将尺寸线、尺寸界线倾斜某一个角度，以使它们与相应的轴测平行。同时，标注文本也必须设置成倾斜某一角度的形式，才能使用文本的外观具有立体感。

正等轴测图中线性尺寸的尺寸界线应平行于轴测轴［如图 8.2（d）所示］，而 AutoCAD 中用线性标注命令 DIMLINEAR 在任何图上标注的尺寸线都是水平或竖直的，所以在标注轴测图尺寸时，除竖直尺寸线外，需要用"对齐标注"命令（DIMALIGNED）。

为了符合视觉效果，还需要对尺寸线和尺寸数字的方向进行调整，使尺寸线与尺寸界线不垂直，尺寸数字的方向与尺寸界线的方向一致，且尺寸数字与尺寸线、尺寸界线应在一个平面内。如图 8.23 所示。

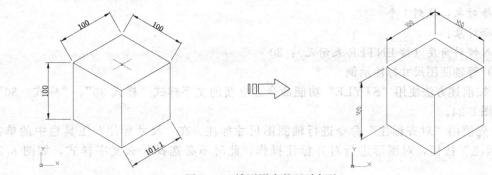

图 8.23　轴测图中的尺寸标注

（1）设置文字样式　在等轴测图中标注平行于轴测面的线性尺寸，尺寸的文字样式倾斜方向要求如下。

① 在 XOY 轴测面上，当尺寸界线平行于 X 轴时，文字样式倾角为 30°；当尺寸界线平行于 Y 轴时，文字样式倾角为－30°。

② 在 YOZ 轴测面上，当尺寸界线平行于 Y 轴时，文字样式倾角为 30°；当尺寸界线平行于 Z 轴时，文字样式倾角为－30°。

③ 在 XOZ 轴测面上，当尺寸界线平行于 X 轴时，文字样式倾角为－30°；当尺寸界线平行于 Z 轴时，文字样式倾角为 30°。

因此，各轴测面内的尺寸中文字样式的倾斜分为 30°或－30°两种情况，因此，在轴测图尺寸标注前，应首先建立倾角分别为 30°或－30°两种文字样式，应用合适的文字样式控制尺寸数字的倾斜角度，就能保证尺寸线、尺寸界线和尺寸数值看起来是在一个平面内。

打开"格式"下拉菜单选择"文字样式"菜单命令，弹出"文字样式"对话框（或在"命令:"输入"STYLE"功能命令）。首先新建文字样式"样式 30"，并设置字体为"gbeitc"和倾斜角度为 30；同样，再新建文字样式"样式－30"，并设置字体为"gbeitc"和倾斜角度为－30，如图 8.24 所示。然后单击"应用"、"关闭"即可。

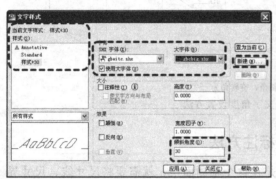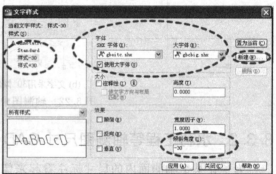

图 8.24　建立文字样式

（2）调整尺寸界线与尺寸线的夹角　尺寸界线与尺寸线均倾斜，需要通过倾斜命令 DIMEDIT 来完成，当尺寸界线结果与 X 轴平行时，倾斜角度为 30°；当尺寸界线结果与 Y 轴平行时，倾斜角度为－30°；当尺寸界线结果与 Z 轴平行时，倾斜角度为 90°。

操作方法是打开"标注"下拉菜单选择"倾斜"命令选项，即可将选中的尺寸倾斜需要的角度，根据轴测图方向进行尺寸角度，倾斜即可得到需要的结果。如图 8.25 所示。

命令：DIMEDIT

输入标注编辑类型［默认（H）/新建（N）/旋转（R）/倾斜（O）］＜默认＞：O

选择对象：找到 1 个

选择对象：

输入倾斜角度（按 ENTER 表示无）：30

（3）等轴测图尺寸标注示例

① 按前述方法使用"STYLE"功能命令建立新的文字样式"样式 30"、"样式－30"。参见前图 8-24。

② 先使用"对齐标注"命令进行轴测图尺寸标注。在"尺寸标注"工具栏中的单击"对齐标注"按钮，对图形进行对齐标注操作，此时不必选择什么文字样式，如图 8.26 所示。

命令：DIMALIGNED

指定第一个尺寸界线原点或＜选择对象＞：

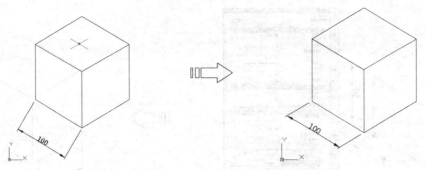

图 8.25 调整标注尺寸夹角

指定第二条尺寸界线原点：

指定尺寸线位置或［多行文字（M）/文字（T）/角度（A）］：

标注文字＝100

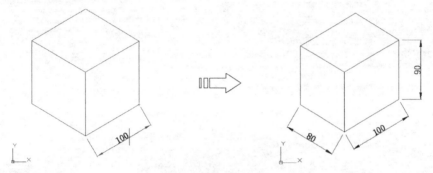

图 8.26 对齐标注

③ 然后倾斜尺寸。打开"标注"下拉菜单选择"倾斜"命令选项，即可将选中的尺寸倾斜需要的角度，分别将尺寸为 90 的倾 30°，将尺寸为 80 的倾斜 90°，将尺寸为 100 的倾斜 −30°，即可得到如图 8.27 所示的结果。

命令：DIMEDIT

输入标注编辑类型［默认（H）/新建（N）/旋转（R）/倾斜（O）］＜默认＞：O

选择对象：找到 1 个

选择对象：

输入倾斜角度（按 ENTER 表示无）：90

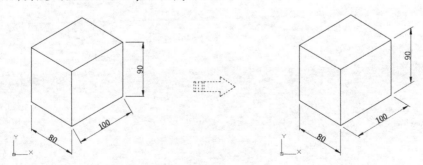

图 8.27 倾斜标注尺寸

④ 然后修改标注文字样式。将尺寸分别为 90、80 和 100 的标注样式中的"文字样式"修改为"样式−30"，即可完成规范的等轴测图的尺寸标注，如图 8.28 所示。

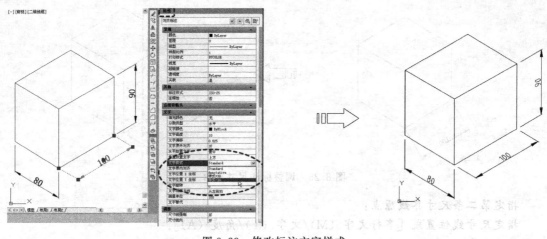

图 8.28　修改标注文字样式

第9章
Chapter 09

水力工程轴测图CAD快速绘制实例

　　本章详细介绍水利工程中轴测图 CAD 快速绘制方法。本章以实际水利工程中常见零件轴测图及 U 形水利渡槽轴测图为例，详细介绍水利工程中各种轴测图绘制方法及技巧，如图 9.1 所示。

　　为便于学习水利工程 CAD 轴测图的绘图技能，本书提供本章讲解案例的 CAD 图形（dwg 格式图形文件）供学习使用。读者连接互联网后可以到如下地址下载，图形文件仅供学习参考。

　　百度网盘（下载地址为：http：//pan.baidu.com/s/1o62402I）

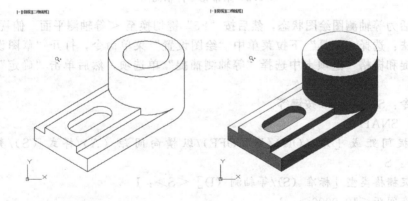

(a) 某常见零件轴测图

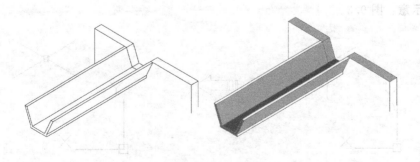

(b) 某水利工程结构轴测图

图 9.1　水利工程轴测图绘制案例

9.1　水利工程轴测图 CAD 绘制基础案例

本节案例以图 9.2 所示的某常见零件轴测图为例，讲解其 CAD 快速绘制方法。其他零件及设备的轴测图绘制方法类似（注：零件的平面视图的绘制在此不作介绍，从略）。

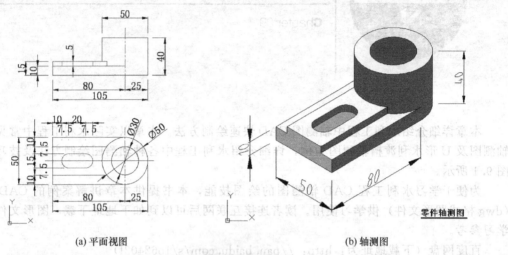

(a) 平面视图　　　　　　　　　　　　　　　(b) 轴测图

图 9.2　某常见零件轴测图

（1）激活为等轴测图绘图状态，然后按"F5"键切换至＜等轴测平面　俯视＞。

操作方法：选择"工具"下拉菜单中"绘图设置"菜单命令，打开"草图设置"对话框，在"捕捉和栅格"选项卡中选择"等轴测捕捉"单选项，然后单击"确定"按钮即可激活。

操作命令：SNAP、F5 按键等。

■命令：SNAP

指定捕捉间距或［开（ON）/关（OFF）/纵横向间距（A）/样式（S）/类型（T）］＜10.0000＞：S

输入捕捉栅格类型［标准（S）/等轴测（I）］＜S＞：I

指定垂直间距＜10.0000＞：1

■命令：＜等轴测平面　俯视＞

操作示意：图 9.3。

图 9.3　切换至＜等轴测平面　俯视＞

（2）进行零件轴测图底部矩形轮廓绘制。

操作方法：按 F8 键切换到"正交"模式，然后执行"直线"命令（LINE），绘制

80mm×50mm 的矩形对象。按 F5 键切换至＜等轴测平面　右视＞、＜等轴测平面　左视＞配合绘制。

　　操作命令：LINE 等。

　　命令：LINE

　　指定第一点：

　　指定下一点或［放弃（U）］：80

　　指定下一点或［放弃（U）］：50

　　指定下一点或［闭合（C）/放弃（U）］：80

　　指定下一点或［闭合（C）/放弃（U）］：C

　　操作示意：图 9.4。

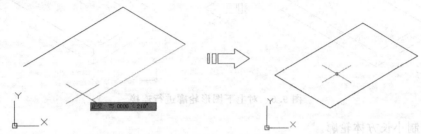

图 9.4　绘制底部矩形轮廓

　　（3）执行"复制"命令进行复制。

　　操作方法：按 F5 键切换至＜等轴测平面　右视＞，将绘制的对象垂直向上复制，复制的距离为 10mm。

　　操作命令：COPY 等。

　　■命令：＜等轴测平面　右视＞

　　■命令：COPY

　　选择对象：找到 1 个

　　选择对象：指定对角点：找到 2 个，总计 3 个

　　选择对象：找到 1 个，总计 4 个

　　选择对象：

　　当前设置：复制模式＝多个

　　指定基点或［位移（D）/模式（O）］＜位移＞：

　　指定第二个点或［阵列（A）］＜使用第一个点作为位移＞：10

　　指定第二个点或［阵列（A）/退出（E）/放弃（U）］＜退出＞：

　　操作示意：图 9.5。

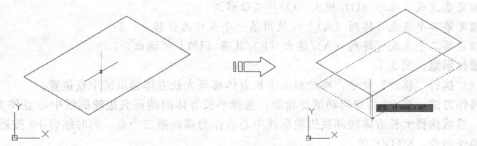

图 9.5　复制矩形

　　（4）对上下图形轮廓进行连接。

操作方法：执行"直线"命令来连接直线段，从而绘制长方体对象。

操作命令：LINE 等。

命令：LINE

指定第一点：

指定下一点或 [放弃 (U)]：

指定下一点或 [放弃 (U)]：(回车)

操作示意：图 9.6。

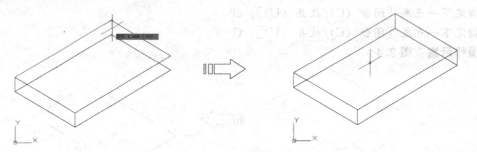

图 9.6　对上下图形轮廓进行连接

(5) 绘制小长方体轮廓。

操作方法：按 F5 键切换至＜等轴测平面　俯视＞，然后按前述大长方体同样的方法，绘制 30mm×80mm×5mm 的小长方体对象。

操作命令：LINE、COPY 等。

■命令：＜等轴测平面　俯视＞

■命令：LINE

指定第一点：

指定下一点或 [放弃 (U)]：80

指定下一点或 [放弃 (U)]：30

指定下一点或 [闭合 (C)/放弃 (U)]：80

指定下一点或 [闭合 (C)/放弃 (U)]：C

■命令：COPY

选择对象：找到 1 个

选择对象：指定对角点：找到 2 个，总计 3 个

选择对象：找到 1 个，总计 4 个

选择对象：

当前设置：复制模式＝多个

指定基点或 [位移 (D)/模式 (O)] ＜位移＞：

指定第二个点或 [阵列 (A)] ＜使用第一个点作为位移＞：5

指定第二个点或 [阵列 (A)/退出 (E)/放弃 (U)] ＜退出＞：

操作示意：图 9.7。

(6) 执行"移动"命令，将绘制的小长方体移至大长方体相应的中点位置。

操作方法：按 F3 按键启动捕捉功能，选择小长方体的端部底边轮廓线中心点作为移动基点，然后选择大长方体端部顶边轮廓线中心点作为移动第二个点。同时结合 F8 按键。

操作命令：MOVE 等。

命令：MOVE

选择对象：找到 1 个

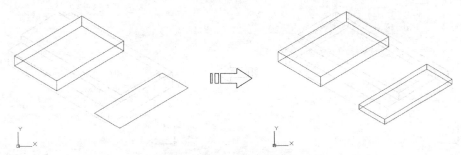

图 9.7　绘制小长方体轮廓

选择对象：指定对角点：找到 8 个，总计 11 个
选择对象：指定对角点：找到 1 个，总计 12 个
选择对象：
指定基点或 [位移 (D)] ＜位移＞：
指定第二个点或＜使用第一个点作为位移＞：＜正交　关＞
操作示意：图 9.8。

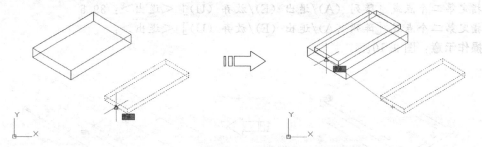

图 9.8　小长方体移至大长方体相应的中点位置

(7) 进行长方体线条修剪及删除。
操作方法：根据效果执行"修剪"命令，将多余的线段进行修剪。
操作命令：TRIM、ERASE 等。
命令：TRIM
当前设置：投影＝UCS，边＝无
选择剪切边…
选择对象或＜全部选择＞：找到 1 个
选择对象：找到 1 个，总计 2 个
选择对象：
选择要修剪的对象，或按住 Shift 键选择要延伸的对象，或 [栏选 (F)/窗交 (C)/投影
(P)/边 (E)/删除 (R)/放弃 (U)]：指定对角点：
选择要修剪的对象，或按住 Shift 键选择要延伸的对象，或 [栏选 (F)/窗交 (C)/投影
(P)/边 (E)/删除 (R)/放弃 (U)]：
操作示意：图 9.9。
(8) 结合捕捉功能绘制辅助线。
操作方法：按 F5 键切换至 ＜等轴测平面　俯视＞，执行"直线"命令，过相应中点绘
制辅助中心线，再执行"复制"命令，将指定直线段水平向右复制 10mm 和 15mm。可以将
其复制的直线段线型转换为点划线线型作为"中心线"对象。
操作命令：LINE、COPY 等。

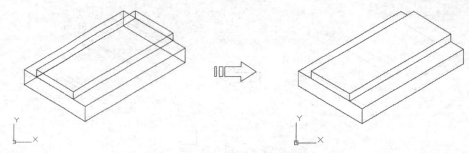

图 9.9 进行长方体线条修剪及删除

命令：COPY

选择对象：找到 1 个

选择对象：

当前设置：复制模式＝多个

指定基点或 ［位移 (D)/模式 (O)］ ＜位移＞：

指定第二个点或 ［阵列 (A)］ ＜使用第一个点作为位移＞：19.5

指定第二个点或 ［阵列 (A)/退出 (E)/放弃 (U)］ ＜退出＞：39.5

指定第二个点或 ［阵列 (A)/退出 (E)/放弃 (U)］ ＜退出＞：

操作示意：图 9.10。

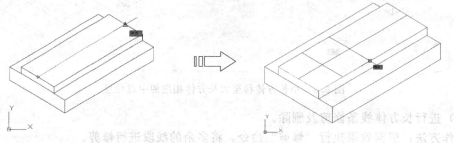

图 9.10 绘制辅助线

(9) 绘制轴测图中的两个小圆形。

操作方法：执行"椭圆"命令，根据命令行提示选择"等轴测圆 (I)"选项，分别指定中心线的交点作为圆心点，以及输入圆的半径值为 9.5mm；再执行直线等命令，连接相应的交点。

操作命令：ELLIPSE、LINE 等。

命令：ELLIPSE

指定椭圆轴的端点或 ［圆弧 (A)/中心点 (C)/等轴测圆 (I)］：I

指定等轴测圆的圆心：

指定等轴测圆的半径或 ［直径 (D)］：9.5

操作示意：图 9.11。

(10) 对小圆形进行剪切。

操作方法：通过修剪操作，形成长椭圆效果。

操作命令：TRIM 等。

操作示意：图 9.12。

(11) 对长椭圆进行复制。

操作方法：按 F5 键转换至＜等轴测平面　右视＞，将该长椭圆效果垂直向下复制，复制的距离为5mm。

操作命令：COPY 等。

命令：COPY

选择对象：找到1个

选择对象：找到1个，总计2个

选择对象：找到1个，总计3个

选择对象：找到1个，总计4个

选择对象：

当前设置：　复制模式＝多个

指定基点或 [位移（D）/模式（O）] ＜位移＞：

指定第二个点或 [阵列（A）] ＜使用第一个点作为位移＞：5

指定第二个点或 [阵列（A）/退出（E）/放弃（U）] ＜退出＞：

操作示意：图9.13。

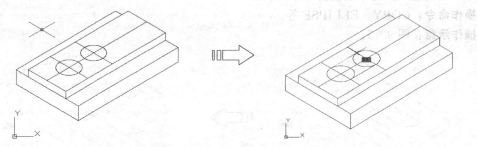

图 9.11　绘制轴测图中的 2 个小圆形

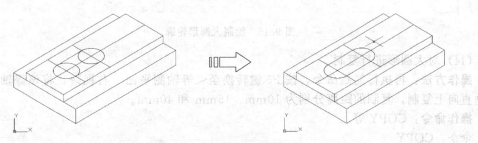

图 9.12　对小圆形进行剪切

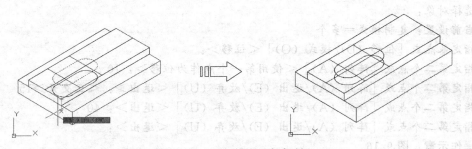

图 9.13　对长椭圆进行复制

（12）对复制的长椭圆进行修剪。

操作方法：执行修剪、删除等命令，将多余的对象进行修剪、删除，从而形成键槽效果。

操作命令：TRIM、ERASE 等。

操作示意：图 9.14。

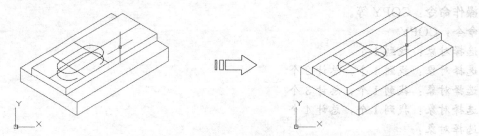

图 9.14　对复制的长椭圆进行修剪

（13）绘制零件轴测图中的大圆形轮廓。

操作方法：按 F5 键切换至＜等轴测平面　俯视＞，先复制底边轮廓线作为辅助线。执行"椭圆"命令，根据命令行提示选择"等轴测圆（I）"选项，分别指定中心线的交点作为圆心点，以及输入圆的半径值为 25mm 等。

操作命令：COPY、ELLIPSE 等。

操作示意：图 9.15。

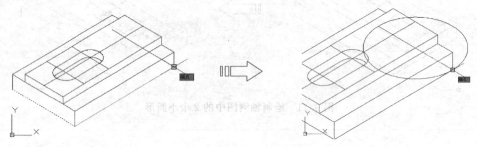

图 9.15　绘制大圆形轮廓

（14）对大圆形进行复制。

操作方法：再执行复制命令，按 F5 键转换至＜等轴测平面　右视＞，将该等轴测圆对象垂直向上复制，复制的距离分别为 10mm、15mm 和 40mm。

操作命令：COPY 等。

命令：COPY

选择对象：找到 1 个

选择对象：

当前设置：复制模式＝多个

指定基点或［位移（D）/模式（O）］＜位移＞：

指定第二个点或［阵列（A）］＜使用第一个点作为位移＞：10

指定第二个点或［阵列（A）/退出（E）/放弃（U）］＜退出＞：＜正交开＞15

指定第二个点或［阵列（A）/退出（E）/放弃（U）］＜退出＞：40

指定第二个点或［阵列（A）/退出（E）/放弃（U）］＜退出＞：

操作示意：图 9.16。

（15）连接复制得到的各个大圆形轮廓线。

操作方法：捕捉象限点配合绘制。

操作命令：LINE 等。

操作示意：图 9.17。

（16）对复制得到的各个大圆形轮廓线进行修剪。

操作方法：执行"修剪"命令，将多余的圆弧和直线段进行修剪，并删除多余线条。注意中间两个大圆形要连接部分短轮廓线。

操作命令：TRIM、ERASE、LINE 等。

操作示意：图 9.18。

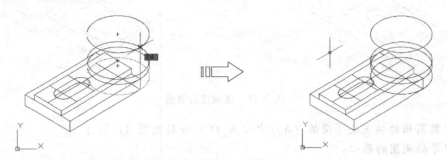

图 9.16　对大圆形进行复制

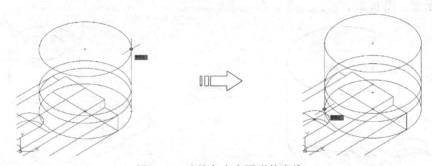

图 9.17　连接各个大圆形轮廓线

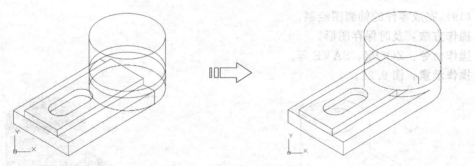

图 9.18　修剪大圆形轮廓线

（17）继续进行修剪，直至完成。

操作方法：注意各个轮廓线关系。

操作命令：TRIM、LINE 等。

操作示意：图 9.19。

（18）在轴测图中创建大圆形中间的中圆形轮廓。

操作方法：按 F5 键转换至 <等轴测平面　俯视>。执行"椭圆"命令，根据命令行提示选择"等轴测圆（I）"选项，捕捉指定大圆形的圆心位置作为圆心点，以及输入圆的半径值为 15mm。

操作命令：ELLIPSE 等。

命令：ELLIPSE

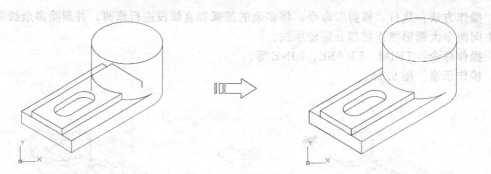

图 9.19 继续进行修剪

指定椭圆轴的端点或 [圆弧（A）/中心点（C）/等轴测圆（I）]：I
指定等轴测圆的圆心：
指定等轴测圆的半径或 [直径（D）]：15
操作示意：图 9.20。

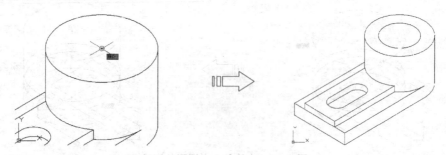

图 9.20 创建大圆形中间的中圆形轮廓

（19）完成零件的轴测图绘制。
操作方法：及时保存图形。
操作命令：ZOOM、SAVE 等。
操作示意：图 9.21。

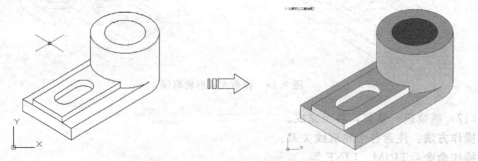

图 9.21 完成零件的轴测图绘制

（20）进行零件轴测图尺寸及文字标注。
操作方法：轴测图的尺寸、文字标注方法参见前面小节所述，限于篇幅，具体标注操作过程在此从略。其他轴测图绘制方法类似，按前述方法练习绘制图其他零件轴测图。
操作命令：DIMALIGNED、DIMEDIT、MTEXT、PLINE 等。
■命令：DIMALIGNED
指定第一个尺寸界线原点或＜选择对象＞：

指定第二条尺寸界线原点:

创建了无关联的标注。

指定尺寸线位置或

[多行文字 (M)/文字 (T)/角度 (A)]:

标注文字=50

■命令: DIMEDIT

输入标注编辑类型 [默认 (H)/新建 (N)/旋转 (R)/倾斜 (O)] <默认>: O

选择对象: 找到 1 个

选择对象:

输入倾斜角度 (按 ENTER 表示无): 90

操作示意: 图 9.22。

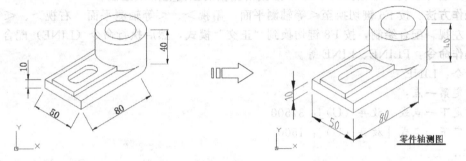

图 9.22　零件轴测图尺寸及文字标注

9.2　水利工程 U 形渡槽轴测图 CAD 绘制

本节讲解案例为某水利工程 U 形渡槽的轴测图。如图 9.23 所示。

(1) 激活为等轴测图绘图状态,然后按 F5 键切换至 <等轴测平面　俯视>。

操作方法: 选择"工具"下拉菜单中 "绘图设置"菜单命令,打开"草图设置" 对话框,在"捕捉和栅格"选项卡中选择 "等轴测捕捉"单选项,然后单击"确定" 按钮即可激活。

操作命令: SNAP、F5 按键等。

■命令: SNAP

指定捕捉间距或 [开 (ON)/关 (OFF)/ 纵横向间距 (A)/样式 (S)/类型 (T)] <10.0000>: S

输入捕捉栅格类型 [标准 (S)/等轴测 (I)] <S>: I

指定垂直间距 <10.0000>: 1

■命令: <等轴测平面　俯视>

■命令: ISODRAFT (AutoCAD 2016 以上版本的功能命令)

输入选项 [正交 (O)/左等轴测平面 (L)/顶部等轴测平面 (T)/右等轴测平面 (R)]

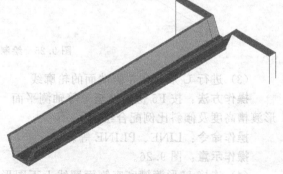

图 9.23　某 U 形渡槽轴测图

＜正交（O）＞：RIGHT

操作示意：图 9.24。

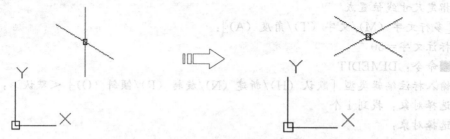

图 9.24　切换至＜等轴测平面　俯视＞

（2）进行水利工程轴测图中的 U 形渡槽侧壁的顶面轮廓线绘制。

操作方法：按 F5 键切换至＜等轴测平面　俯视＞、＜等轴测平面　右视＞、＜等轴测平面　左视＞配合绘制，按 F8 键切换到"正交"模式，然后执行命令（LINE）配合绘制。

操作命令：PLINE、LINE 等。

命令：LINE

指定第一点：

指定下一点或 [放弃（U）]：37500

指定下一点或 [放弃（U）]：1500

……

指定下一点或 [闭合（C）/放弃（U）]：C

操作示意：图 9.25。

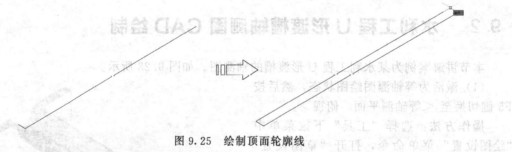

图 9.25　绘制顶面轮廓线

（3）进行 U 形渡槽左侧端面的轮廓线。

操作方法：按 F5 键切换至＜等轴测平面　右视＞、＜等轴测平面　左视＞，如何按 U 形渡槽高度及倾斜比例配合绘制。

操作命令：LINE、PLINE 等。

操作示意：图 9.26。

（4）连接 U 形渡槽底座侧面廓线上下图形轮廓。然后切换轴测视图，绘制长度方向的轮廓线，并连接后端面上下端点。

操作方法：结合"F8"键及"F5"键切换至该＜等轴测平面　左视＞、＜等轴测平面　右视＞、＜等轴测平面　俯视＞配合绘制。

操作命令：PLINE、LINE、TRIM 等。

操作示意：图 9.27。

（5）创建 U 形轴渡槽底部轮廓轴测图轮廓线。

操作方法：结合"F5"键切换至＜等轴测平面　左视＞、＜等轴测平面　右视＞、

＜等轴测平面　俯视＞配合绘制，同时结合捕捉功能"端点"及"最近点"进行定位。

　　操作命令：LINE、TRIM 等。

　　操作示意：图 9.28。

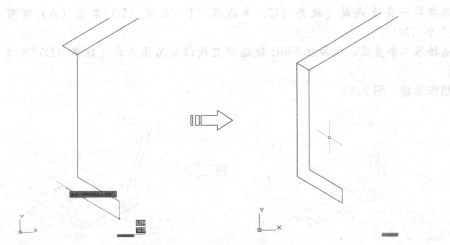

图 9.26　绘制左侧端面轮廓线

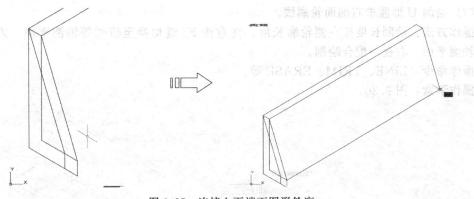

图 9.27　连接上下端面图形轮廓

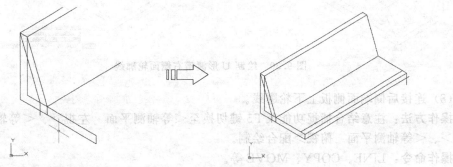

图 9.28　创建底部轮廓线

（6）绘制渡槽宽度轮廓线。然后连接右侧面上下轮廓线。

　　操作方法：渡槽宽度按设计确定。注意按 F5 键切换至该＜等轴测平面　左视＞、＜等轴测平面　右视＞配合绘制。

　　操作命令：LINE、TRIM、CHAMFER 等。

　　命令：CHAMFER

（"修剪"模式）当前倒角距离1＝0.0000，距离2＝0.0000

选择第一条直线或［放弃（U）/多段线（P）/距离（D）/角度（A）/修剪（T）/方式（E）/多个（M）］：

选择第一条直线或［放弃（U）/多段线（P）/距离（D）/角度（A）/修剪（T）/方式（E）/多个（M）］：

选择第二条直线，或按住 Shift 键选择直线以应用角点或［距离（D）/角度（A）/方法（M）］：

操作示意：图 9.29。

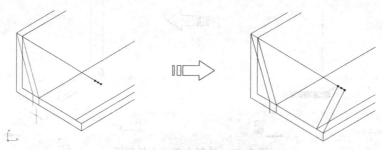

图 9.29　绘制左侧渡槽宽度线

（7）绘制 U 形渡槽右侧面轮廓线。

操作方法：绘制长度按左侧轮廓长度。注意按 F5 键切换至该＜等轴测平面　左视＞、＜等轴测平面　右视＞配合绘制。

操作命令：LINE、TRIM、ERASE 等。

操作示意：图 9.30。

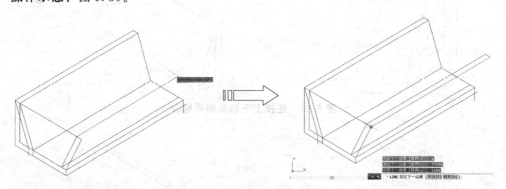

图 9.30　绘制 U 形渡槽右侧面轮廓线

（8）连接后侧端面侧板上下轮廓线。

操作方法：注意结合捕捉功能及 F5 键切换至＜等轴测平面　左视＞、＜等轴测平面　右视＞、＜等轴测平面　俯视＞配合绘制。

操作命令：LINE、COPY、MOVE 等。

操作示意：图 9.31。

（9）对 U 形渡槽造型进行剪切。

操作方法：对 U 形渡槽轴测图中，会被遮挡的部分图形进行剪切。注意结合 F5 键切换至＜等轴测平面　俯视＞、＜等轴测平面　左视＞、＜等轴测平面　右视＞配合绘制。

操作命令：TRIM、ERASE 等。

命令：TRIM

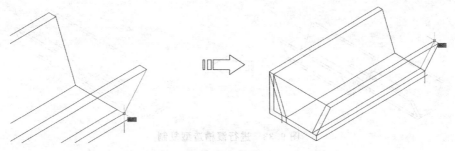

图 9.31 连接后侧端面侧板上下轮廓线

当前设置：投影＝UCS，边＝无

选择剪切边…

选择对象或＜全部选择＞：找到 1 个

选择对象：找到 1 个，总计 2 个

选择对象：

选择要修剪的对象，或按住 Shift 键选择要延伸的对象，或 [栏选 (F)/窗交 (C)/投影 (P)/边 (E)/删除 (R)/放弃 (U)]：

……

选择要修剪的对象，或按住 Shift 键选择要延伸的对象，或 [栏选 (F)/窗交 (C)/投影 (P)/边 (E)/删除 (R)/放弃 (U)]：

操作示意：图 9.32。

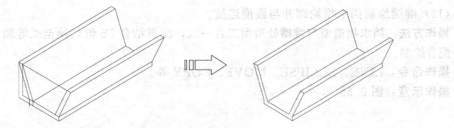

图 9.32 进行渡槽图形剪切

(10) 将 U 形渡槽复制一个，形成更长渡槽。

操作方法：结合 F3 捕捉功能进行定位。

操作命令：COPY、MOVE 等。

命令：COPY

选择对象：找到 24 个

选择对象：

当前设置：复制模式＝多个

指定基点或 [位移 (D)/模式 (O)] ＜位移＞：

指定第二个点或 [阵列 (A)] ＜使用第一个点作为位移＞：

指定第二个点或 [阵列 (A)/退出 (E)/放弃 (U)] ＜退出＞：

操作示意：图 9.33。

(11) 在渡槽造型后端绘制渡槽入口挡水坝的轮廓线。

操作方法：挡水坝高度的轮廓线与渡槽一致，造型不做细部勾画，注意结合按 F5 键切换至＜等轴测平面 左视＞、＜等轴测平面 右视＞、＜等轴测平面 俯视＞进行操作。

操作命令：LINE、COPY 等。

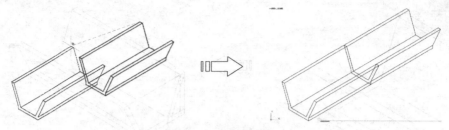

图 9.33　进行渡槽造型复制

命令：LINE
指定第一个点：
指定下一点或 [放弃 (U)]：
指定下一点或 [放弃 (U)]：
操作示意：图 9.34。

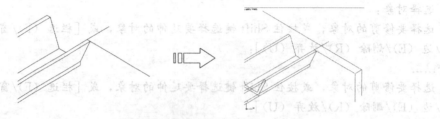

图 9.34　绘制挡水坝轮廓线

（12）继续绘制挡水坝轮廓并与渡槽连接。

操作方法：挡水坝造型与渡槽处造型二者一致，注意结合 F5 键切换至＜等轴测平面　俯视＞配合绘制。

操作命令：LINE、ELLIPSE、MOVE、COPY 等。

操作示意：图 9.35。

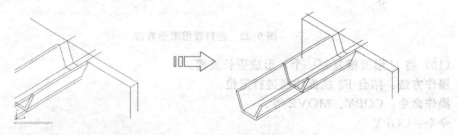

图 9.35　绘制桥台顶部平面轮廓圆形

（13）对渡槽造型进行剪切。

操作方法：同时删除图形中不需要的线条。注意结合 F8 键及 F5 键切换至＜等轴测平面　左视＞、＜等轴测平面　右视＞、＜等轴测平面　俯视＞配合绘制。

操作命令：LINE、ELLIPSE、MOVE、COPY、MOVE、TRIM 等。

操作示意：图 9.36。

（14）按前述方法绘制 U 形渡槽下一节造型。

操作方法：可以进行复制快速得到下一节渡槽。注意结合 F8 键及 F5 键切换至＜等轴测平面　左视＞、＜等轴测平面　右视＞、＜等轴测平面　俯视＞配合绘制。

操作命令：COPY、PLINE、LINE、MOVE、TRIM 等。

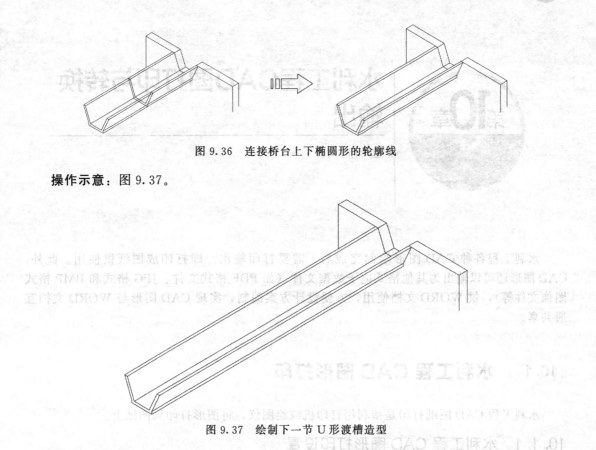

图 9.36　连接桥台上下椭圆形的轮廓线

操作示意：图 9.37。

图 9.37　绘制下一节 U 形渡槽造型

第10章　水利工程CAD图打印与转换输出

Chapter 10

水利工程各种 CAD 图形绘制完成后，需要打印输出，即打印成图纸供使用。此外，CAD 图形还可以输出为其他格式电子数据文件（如 PDF 格式文件、JPG 格式和 BMP 格式图像文件等），供 WORD 文档使用，方便设计方案编制，实现 CAD 图形与 WORD 文档互通共享。

10.1　水利工程 CAD 图形打印

水利工程 CAD 图纸打印是指利用打印机或绘图仪，将图形打印到图纸上。

10.1.1　水利工程 CAD 图形打印设置

CAD 图形打印设置，通过"打印—模型"或"打印—布局＊＊"对话框进行。启动该对话框有如下 5 种方法。

■打开【文件】下拉菜单，选择【打印】命令选项。

■在【标准】工具栏上的单击【打印】命令图标 🖶 。

■在"命令："命令行提示下直接输入 PLOT 命令。

■使用命令按键，即同时按下"Ctrl"和"P"按钮键。

■使用快捷菜单命令，即在"模型"选项卡或布局选项卡上单击鼠标右键，然后在弹出的菜单中单击"打印"。如图 10-1 所示。

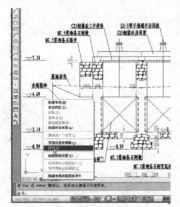

图 10.1　使用快捷菜单打印

执行上述操作后，AutoCAD 将弹出"打印—模型"或"打印—布局＊＊"对话框，如图 10.2 所示。若单击对话框右下角的"更多选项"按钮，可以在"打印"对话框中显示更多选项，如图 10.3 所示。

打印对话框各个选项单功能含义和设置方法如下所述。

（1）页面设置　"页面设置"对话框的标题显示了当前布局的名称。列出图形中已命名或已保存的页面设置；可以将图形中保存的命名页面设置作为当前页面设置，也可以在"打印"对话框中单击"添加"，基于当前设置创建一个新的命名页面设置。

若使用与前一次打印方法相同（包括打印机名称、图幅大小、比例等），可以选择"上一次打印"或选择"输入"

在文件夹中选择保存的图形页面设置，如图 10.4 所示；也可以添加新的页面设置，如图 10.5 所示。

图 10.2　打印对话框

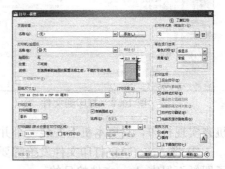

图 10.3　打印对话框全图

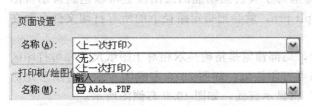

图 10.4　选择"上一次打印"

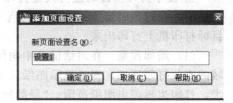

图 10.5　添加新的页面设置

（2）打印机/绘图仪　在 AutoCAD 中，非系统设备称为绘图仪，Windows 系统设备称为打印机。

该选项是指定打印布局时使用已配置的打印设备。如果选定绘图仪不支持布局中选定的图纸尺寸，将显示警告，用户可以选择绘图仪的默认图纸尺寸或自定义图纸尺寸。打开下拉列表，其中列出可用的 PC3 文件或系统打印机，可以从中进行选择，以打印当前布局。设备名称前面的图标识别其为 PC3 文件还是系统打印机。如图 10.6 所示。PC3 文件是指 AutoCAD 将有关介质和打印设备的信息存储在配置的打印文件（PC3）中的文件类型。

右侧"特性"按钮，是显示绘图仪配置编辑器（PC3 编辑器），从中可以查看或修改当前绘图仪的配置、端口、设备和介质设置，如图 10.7 所示。如果使用"绘图仪配置编辑器"更改 PC3 文件，将显示"修改打印机配置文件"对话框。

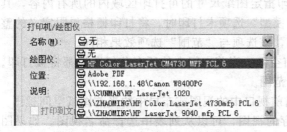

图 10.6　选择打印机类型

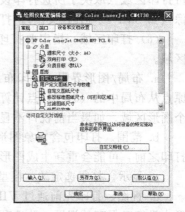

图 10.7　打印机特性对话框

（3）打印到文件　打印输出到文件而不是绘图仪或打印机。打印文件的默认位置是在

图 10.8　打印到文件

"选项"对话框→"打印和发布"选项卡→"打印到文件操作的默认位置"中指定的。如果"打印到文件"选项已打开，单击"打印"对话框中的"确定"将显示"打印到文件"对话框（标准文件浏览对话框），文件类型为"*.plt"格式文件，如图 10.8 所示。"*.plt"格式文件有如下优点。

① 可以在没有装 AutoCAD 软件的电脑来打印 AutoCAD 文件。

② 可以用本机没有而别的电脑有的打印机来实现打印，只要本机上安装一个并不存在的虚拟打印机来打印就可以了。

③ 将 AutoCAD 打印文件发给需要的人，而不必给出 AutoCAD 的 dwg 文件，以达到给了图纸而保密 dwg 文件的目的。

④ 便于打印文件时进行大量打印，特别对于有拼图功能的绘图仪更可以达到自动拼图的目的，在打印时输入：copy 路径 \ *.plt prn，就会把指定路径下的所有打印文件全部在目标打印机上打印出来。

（4）局部预览　在对话框约中间位置，局部预览是精确显示相对于图纸尺寸和可打印区域的有效打印区域，提示显示图纸尺寸和可打印区域，如图 10.9 左侧图所示。若图形比例大，打印边界超出图纸范围，"局部预览"将显示红线，如图 10.9 右侧图所示。

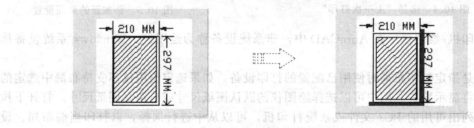

图 10.9　局部预览功能

（5）图纸尺寸　显示所选打印设备可用的标准图纸尺寸，如图 10.10 所示。如果未选择绘图仪，将显示全部标准图纸尺寸的列表以供选择。如果所选绘图仪不支持布局中选定的图纸尺寸，将显示警告，用户可以选择绘图仪的默认图纸尺寸或自定义图纸尺寸。页面的实际可打印区域（取决于所选打印设备和图纸尺寸）在布局中由虚线表示；如果打印的是光栅图像（如 BMP 或 TIFF 文件），打印区域大小的指定将以像素为单位而不是英寸或毫米。

（6）打印区域　指定要打印的图形部分。在"打印范围"下，可以选择要打印的图形区域。

a. 布局/图形界限。打印布局时，将打印指定图纸尺寸的可打印区域内的所有内容，其原点从布局中的（0，0）点计算得出。从"模型"选项卡打印时，将打印栅格界限定义的整个图形区域。如果当前视口不显示平面视图，该选项与"范围"选项效果相同。

b. 范围。打印包含对象图形的部分当前空间。当前空间内的所有几何图形都将被打印。打印之前，可能会重新生成图形以重新计算范围。

c. 显示。打印选定的"模型"选项卡当前视口中的视图或布局中的当前图纸空间视图。

d. 视图。打印先前通过 VIEW 命令保存的视图，可以从列表中选择命名视图。如果图形中没有已保存的视图，此选项不可用。选中"视图"选项后，将显示"视图"列表，列出

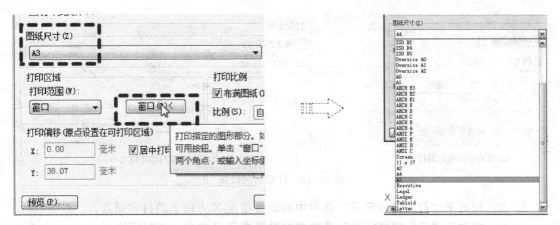

图 10.10　选择打印图纸尺寸

当前图形中保存的命名视图。可以从此列表中选择视图进行打印。

　　e. 窗口。打印指定的图形部分。如果选择"窗口","窗口"按钮将称为可用按钮。单击"窗口"按钮以使用定点设备指定要打印区域的两个角点,或输入坐标值。这种方式最为常用,如图 10.11 所示。

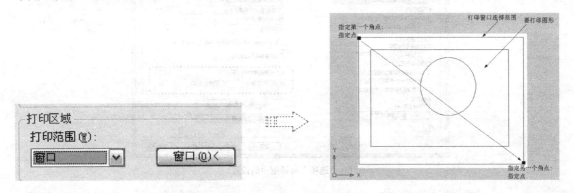

图 10.11　窗口选择打印范围

　　(7) 打印份数　指定要打印的份数,从 1 份至多份,份数无限制。若是打印到文件时,此选项不可用。

　　(8) 打印比例　根据需要,对图形打印比例进行设置。一般地,在绘图时图形是以 mm(毫米)为单位,按 1∶1 绘制的,即设计大的图形长 1m(1000mm),绘制时绘制 1000mm。因此,打印是可以使用任何需要的比例进行打印,包括按布满图纸范围打印、自行定义打印比例大小。如图 10.12 所示。

　　(9) 打印偏移　根据"工具"下拉菜单栏"选项"对话框中的"指定打印偏移时相对于"选项("打印和发布"选项卡,图 10.13)中的设置,指定打印区域相对于可打印区域左下角或图纸边界的偏移。"打印"对话框的"打印偏移"区域显示了包含在括号中的指定打印偏移选项。图纸的可打印区域由所选输出设备决定,在布局中以虚线表示。修改为其他输出设备时,可能会修改可打印区域。

　　通过在"X 偏移"和"Y 偏移"框中输入正值或负值,可以偏移图纸上的几何图形。图纸中的绘图仪单位为英寸或毫米。如图 10.13 所示。

　　a. 居中打印。自动计算 X 偏移和 Y 偏移值,在图纸上居中打印。当"打印区域"设置为"布局"时,此选项不可用。

(a) 按布满图纸范围打印　　　　　　　　(b) 自行定义打印比例大小

图 10.12　打印比例设置

b. X。相对于"打印偏移定义"选项中的设置指定 X 方向上的打印原点。

c. Y。相对于"打印偏移定义"选项中的设置指定 Y 方向上的打印原点。

(a) "选项"对话框中的设置

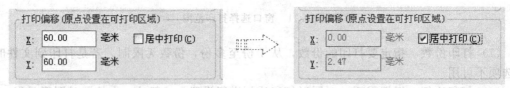

(b) "打印"对话框中的设置

图 10.13　打印偏移方式

（10）预览　单击对话框左下角的"预览"按钮，也可以按执行 PREVIEW 命令时，系统将在图纸上以打印的方式显示图形打印预览效果。如图 10.14 所示。要退出打印预览并返回"打印"对话框，请按 Esc 键，然后按 ENTER 键，或单击鼠标右键，然后单击快捷菜单上的"退出"。

（11）其他选项简述　在其他选项中，最为常用的是"打印样式表（笔指定）"和"图形方向"。

a. 打印样式表。打印样式表（笔指定）即设置、编辑打印样式表，或者创建新的打印样式表，如图 10.15 所示。

名称（无标签）一栏显示指定给当前"模型"选项卡或布局选项卡的打印样式表，并提供当前可用的打印样式表的列表。如果选择"新建"，将显示"添加打印样式表"向导，可

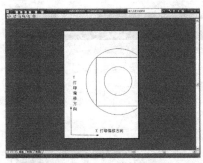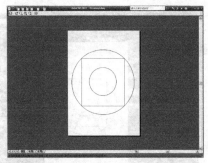

图 10.14　打印效果（预览）

用来创建新的打印样式表。显示的向导取决于当前图形是处于颜色相关模式还是处于命名模式。一般地，要打印为黑白颜色的图纸，选择其中的"monochrome. ctb"即可；要按图面显示的颜色为打印，选择"无"即可。

"编辑"按钮显示"打印样式表编辑器"，从中可以查看或修改当前指定的打印样式表中的打印样式。

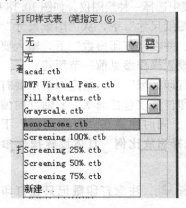

图 10.15　打印样式表

b. 图形方向。图形方向是为支持纵向或横向的绘图仪指定图形在图纸上的打印方向，图纸图标代表所选图纸的介质方向，字母图标代表图形在图纸上的方向。如图 10.16 所示。

图 10.16　图形方向选择

纵向放置并打印图形，使图纸的短边位于图形页面的顶部；横向放置并打印图形，使图纸的长边位于图形页面的顶部。如图 10.17 所示。

10.1.2　水利工程 CAD 图形打印

水利工程 CAD 图形绘制完成后，按下面方法即可通过打印机将图形打印到图纸上。

(1) 先打开图形文件。

(2) 启动打印功能命令，可以通过如下方式启动：

a. 依次单击"文件（F）"下拉菜单，选择"打印（P）"命令选项；

b. 单击标准工具栏上的打印图标🖨；

(a) 纵向放置

(b) 横向放置

图 10.17　图形方向打印效果

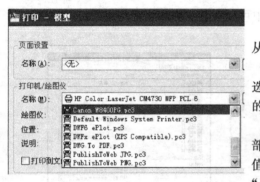

图 10.18　选择打印机

c. 在命令提示下，输入 plot。

（3）在"打印"对话框的"打印机/绘图仪"下，从"名称"列表中选择一种绘图仪。如图 10.18 所示。

（4）在"图纸尺寸"下，从"图纸尺寸"框中选择图纸尺寸。并在"打印份数"下，输入要打印的份数，具体设置操作参见前一节所述。

（5）在"打印区域"下，指定图形中要打印的部分。设置打印位置（包括向 X、Y 轴方向偏移数值或居中打印）。同时注意在"打印比例"下，从"比例"框中选择缩放比例。具体设置操作参见前一节所述。

（6）有关其他选项的信息，请单击"其他选项"按钮 ⊙。注意打印戳记只在打印时出现，不与图形一起保存。

a.（可选）在"打印样式表（笔指定）"下，从"名称"框中选择打印样式表。

b.（可选）在"着色视口选项"和"打印选项"下，选择适当的设置。

（7）在"图形方向"下，选择一种方向，具体设置操作参见前一节所述。

（8）单击"预览"进行预览打印效果，如图 10.19（a）所示，然后单击右键，在弹出的快捷菜单中选择"打印"或"退出"，如图 10.19（b）所示。

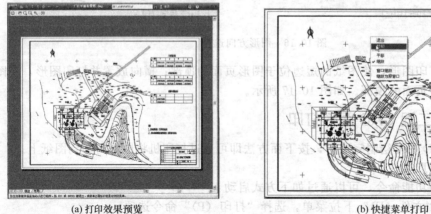
(a) 打印效果预览

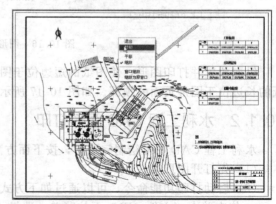
(b) 快捷菜单打印

图 10.19　打印预览

10.2　水利工程 CAD 图形输出其他格式图形文件方法

10.2.1　CAD 图形输出为 PDF 格式图形文件

PDF 格式数据文件是指 Adobe 便携文档格式（Portable Document Format，简称 PDF）文件。PDF 是进行电子信息交换的标准，可以轻松分发 PDF 文件，以在 Adobe Reader 软件（注：Adobe Reader 软件可从 Adobe 公司网站免费下载获取）中查看和打印。此外，使用 PDF 文件的图形，不需安装 AutoCAD 软件，可以与任何人共享图形数据信息，浏览图形数据文件。

输出图形数据 PDF 格式文件方法如下。

（1）在命令提示下，输入命令"plot"启动打印功能。

（2）在"打印"对话框的"打印机/绘图仪"下的"名称"框中，从"名称"列表中选择"DWG to PDF.pc3"配置。可以通过指定分辨率来自定义 PDF 输出。在绘图仪配置编辑器中的"自定义特性"对话框中，可以指定矢量和光栅图像的分辨率，分辨率的范围从 150dpi 到 4800dpi（最大分辨率）。如图 10.20 所示。

（3）也可以选择"Adobe PDF"进行打印输出为 PDF 图形文件，操作方法类似"DWG to PDF.pc3"方式（注：使用此种方法需要安装软件 Adobe Acrobat）。

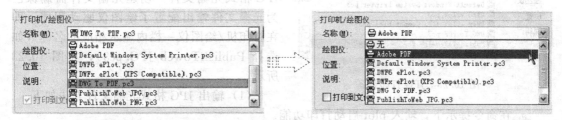

图 10.20　选择 DWG to PDF.pc3 或 Adobe PDF

（4）根据需要为 PDF 文件选择打印设置，包括图纸尺寸、比例等，具体参见前一节所述。然后单击"确定"。

（5）打印区域通过"窗口"选择图形输出范围。见图 10.21。

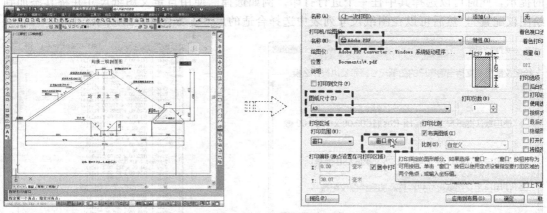

图 10.21　窗口选择图形打印输出 PDF 范围

（6）在"浏览打印文件"对话框中，选择一个位置并输入 PDF 文件的文件名，如图

10.22 所示。最后单击"保存"，即可得到 *.PDF 为后缀的 PDF 格式的图形文件。

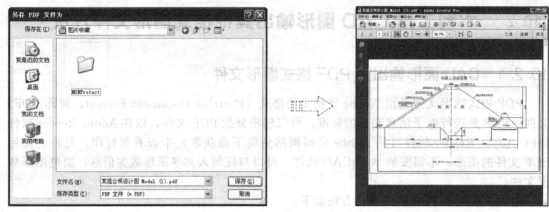

图 10.22 输出 PDF 图形文件

10.2.2 CAD 图形输出为 JPG／BMP 格式图形文件

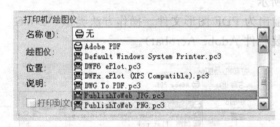

图 10.23 JPG 打印设备

AutoCAD 可以将图形以非系统光栅驱动程序支持若干光栅文件格式（包括 Windows BMP、CALS、TIFF、PNG、TGA、PCX 和 JPEG）输出，其中最为常用的是 BMP 和 JPG 格式光栅文件。创建光栅文件需确保已为光栅文件输出配置了绘图仪驱动程序，即在打印机/绘图仪一栏内显示相应的名称（如选择 PublishToweb JPG. pc3），如图 10.23 所示。

（1）输出 JPG 格式光栅文件方法如下。

a. 在命令提示下，输入 plot 启动打印功能。

b. 在"打印"对话框的"打印机/绘图仪"下，在"名称"框中，从列表中选择光栅格式配置绘图仪为"PublishToWeb JPG. pc3"。如图 10.23 所示。

c. 根据需要为光栅文件选择打印设置，包括图纸尺寸、比例等，具体设置操作参见前一节所述。然后单击"确定"。系统可能会弹出"绘图仪配置不支持当前布局的图纸尺寸…"的提示，此时可以选择其中任一个进行打印。例如选择"使用自定义图纸尺寸并将其添加到绘图仪配置"，然后可以在图纸尺寸列表中选择合适的尺寸。如图 10.24 所示。

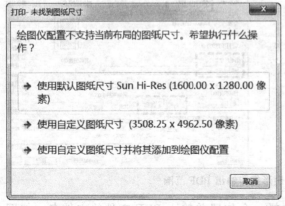

图 10.24 自定义图纸尺寸

d. 打印区域通过"窗口"选择出 JPG 格式文件的图形范围，如图 10.25 所示。

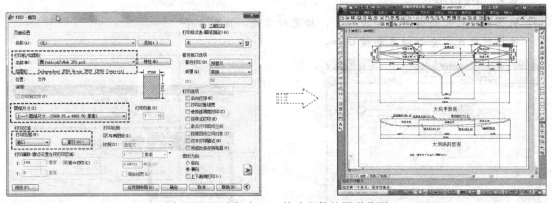

图 10.25　选择出 JPG 格式文件的图形范围

e. 在"浏览打印文件"对话框中，选择一个位置并输入光栅文件的文件名。然后单击"保存"。如图 10.26 所示。

图 10.26　输出 JPG 格式图形文件

（2）输出 BMP 格式光栅文件方法如下：

a. 打开文件下拉菜单，选择"输出"命令选项。如图 10.27 所示。

b. 在"输出数据"对话框中，选择一个位置并输入光栅文件的文件名，然后在文件类型中选择"位图（*.bmp）"，接着单击"保存"。如图 10.28 所示。

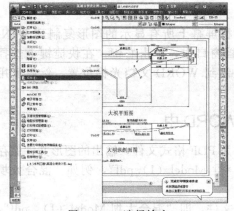

图 10.27　选择输出

图 10.28　选择 bmp 格式类型

c. 然后返回图形窗口，选择输出为 BMP 格式数据文件的图形范围，最后按回车即可。

如图 10.29 所示。

命令：EXPORT

选择对象或＜全部对象和视口＞：指定对角点：找到 1 个

选择对象或＜全部对象和视口＞：

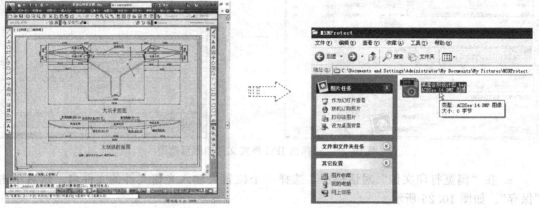

图 10.29　选择输出图形范围得到 BMP 文件

10.2　水利工程 CAD 图形应用到 WORD 文档的方法

本节介绍如何将水利工程 CAD 图形应用到 WORD 文档中，轻松实现 CAD 图形的文档应用功能。

10.3.1　使用"Prtsc"按键复制应用到 WORD 中

（1）CAD 绘制完成图形后，使用 ZOOM 功能命令将要使用的图形范围放大至充满整个屏幕区域。如图 10.30 所示。

命令：ZOOM

指定窗口的角点，输入比例因子（nX 或 nXP），或者

［全部（A）/中心（C）/动态（D）/范围（E）/上一个（P）/比例（S）/窗口（W）/对象（O）］＜实时＞：W（或输入 E）

指定第一个角点：指定对角点：

（2）按下键盘上的"Prtsc"按键，将当前计算机屏幕上所有显示的图形复制到 WINDOWS 系统的剪贴板上了。然后切换到 WORD 文档窗口中，单击右键，在快捷键上选择"粘贴"或按"Ctrl＋V"组合键。图形图片即可复制到 WORD 文档光标位置。然后运用 word 中的"裁剪"工具，裁剪到合适大小。

10.3.2　通过输出 PDF 格式文件应用到 WORD 中

（1）按照本章前述方法将 CAD 绘制的图形输出为 PDF 格式文件，输出的图形文件保存电脑某个目录下，本案例输出的图形名称为"＊＊＊＊Model（1）．pdf"，例如"混合大坝 Model（1）．pdf"。如图 10.31 所示。

（2）在电脑中找到"＊＊＊＊Model（1）．pdf"文件，即"混合大坝 Model（1）．pdf"，单击选中，然后单击右键弹出快捷菜单，在快捷菜单上选择"复制"，将图形复制到 WINDOW 系统剪贴板中。如图 10.32 所示。

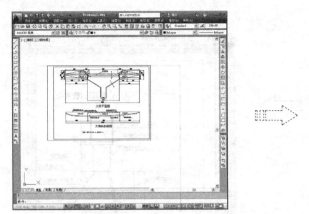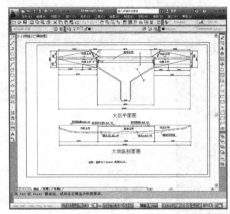

图 10.30　调整图形显示范围

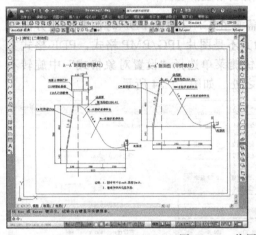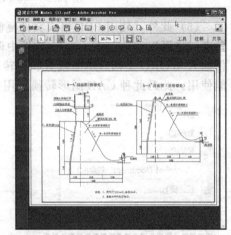

图 10.31　将图形输出为 PDF 格式文件

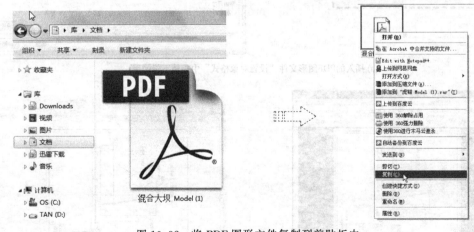

图 10.32　将 PDF 图形文件复制到剪贴板中

（3）切换到 WORD 文档中，在需要插入图形的地方单击右键选择快捷菜单中的"粘贴"；或按"Ctrl＋V"组合键。将剪贴板上的 PDF 格式图形复制到 WORD 文档中光标位置。如图 10.33 所示。

（4）注意，插入的 PDF 图形文件大小与输出文件大小有关，需要进行调整以适合 WORD 文档窗口。方法是单击选中该文件，按住左键拖动光标调整其大小即可。

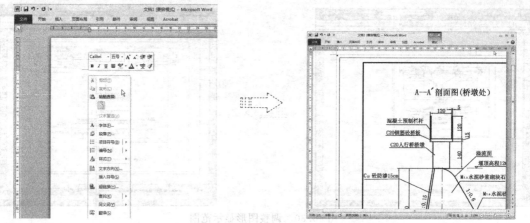

图 10.33　将 PDF 图形文件粘贴到 WORD 文档中

（5）此外，使用 PDF 格式文件复制，其方向需要在 CAD 输出 PDF 时调整合适方向及角度（也可以在 Acrobat　pro 软件中调整），因为其不是图片 JPG/BMP 格式，PDF 格式文件插入 WORD 文档后不能裁剪和旋转，单击右键快捷菜单选择"设置对象格式"中旋转不能使用。此乃此种 CAD 图形转换应用方法的不足之处。如图 10.34 所示。

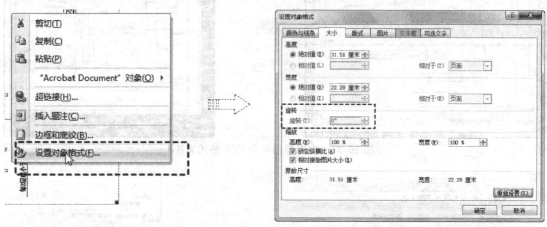

(a) 插入的PDF图形文件"设置对象格式"中旋转不能使用

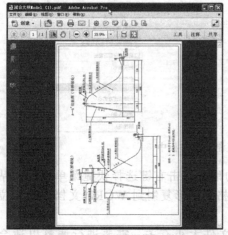

(b) Acrobat pro软件中调整图形方向

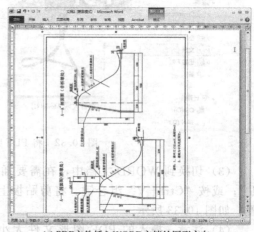

(c) PDF文件插入WORD文档的图形方向

图 10.34　关于 PDF 格式文件的方向及裁剪

10.3.3　通过输出 JPG/BMP 格式文件应用到 WORD 中

（1）按照本章前述方法将 CAD 绘制的图形输出为 jpg 格式图片文件，输出的图形图片文件保存电脑某个目录下，本案例输出的图形名称类似"＊＊＊-Model.jpg"，例如"某混合坝设计 Model（1）.jpg"。如图 10.35 所示。

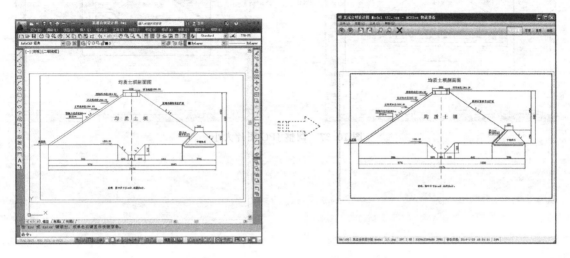

图 10.35　输出 JPG 格式图形图片文件

（2）在电脑中找到"＊＊＊-Model.jpg"文件，即"某混合坝设计 Model（1）.jpg"，单击选中，然后单击右键弹出快捷菜单，在快捷菜单上选择"复制"，将图形复制到 WIN-DOW 系统剪贴板中。如图 10.36 所示。

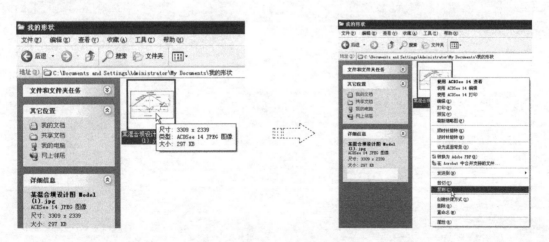

图 10.36　复制 JPG 图形图片文件

（3）切换到 WORD 文档中，在需要插入图形的地方单击右键选择快捷菜单中的"粘贴"，或按"Ctrl＋V"组合键。将剪贴板上的 jpg 格式图形图片复制到 WORD 文档中光标位置。插入的图片比较大，需要图纸其大小适合 WORD 窗口使用。

（4）利用 WORD 文档中的图形工具的"裁剪"进行调整，或利用设置对象格式进行拉伸调整，使其符合使用要求。如图 10.37 所示。Bmp 格式的图形图片文件应用方法与此相同。限于篇幅，BMP 格式图片的具体操作过程在此从略。

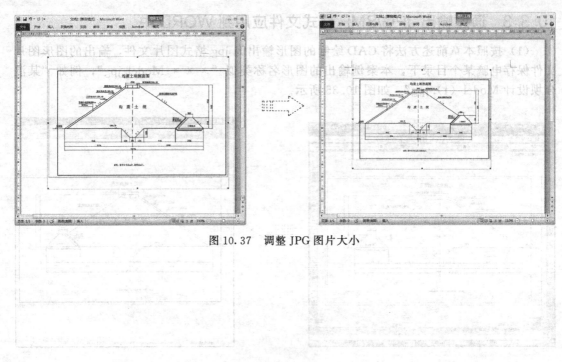

图 10.37　调整 JPG 图片大小